원리와 사고력이 가득한 퍼즐 팩토리

맛있는 퍼팩 연산

10까지의 수의 덧셈

수학의 언어, **수와 연산!**

수와 연산은 수학 학습의 첫 걸음이며 가장 기본이 되는 영역입니다.
모든 수학의 영역에서 수와 연산은 개념을 표현하는 도구 뿐만이 아닌, 문제 해결의 도구이기도 합니다. 따라서 수학의 언어라고 할 수 있습니다.
언어를 제대로 구사하지 못한다면 생각을 제대로 표현하지 못하고, 의사소통과 상호작용에 문제가 생기게 됩니다. 수학의 언어도 이와 마찬가지로 연산의 기본이 제대로 훈련되지 않으면 정확하게 개념을 이해하기 힘들고, 문제 해결이 어려워지므로 더 높은 단계의 개념과 수학의 다양한 영역으로의 확장에 걸림돌이 될 수 밖에 없습니다.
연산은 간단하고 가볍게 여겨질 수 있지만 앞으로 한 걸음씩 나아가는 발걸음에 큰 영향을 줄 수 있음을 꼭 기억해야 합니다.

피할 수 없다면, **재미있는 반복을!**

유아에서 초등 저학년의 아이들이 집중할 수 있는 시간은 길지 않고, 새로운 자극에 예민하며 호기심은 높습니다. 하지만 연산 학습에서 피할 수 없는 부분은 반복 훈련입니다. 꾸준한 반복 훈련으로 아이들의 뇌에 연산의 원리들이 체계적으로 자리를 잡으며 차근차근 다음 단계로 올라가는 것을 목표로 해야 하기 때문입니다.
따라서 피할 수 없다면 재미있는 반복을 통하여 즐거운 연산 훈련을 하도록 해야 합니다. 구체적인 상황과 예시, 다양한 방법을 통한 반복적인 연습을 통하여 기본기를 다지며 연산 원리를 적용할 수 있는 능력을 키울 수 있습니다.
상상만으로 암기하고, 기계적인 반복으로 주입하는 방식으로는 더이상 기본기를 탄탄히 다질 수 없습니다.

왜? 맛있는 퍼팩 연산이어야 할까요!

확실한 원리 학습

문제를 풀면서 희미하게 알게 되는 원리가 아닌, 주제별 원리를 정확하게 배우고, 따라하고, 확장하는 과정을 통해 자연스럽게 개념을 이해하고 스스로 문제를 해결할 수 있습니다.

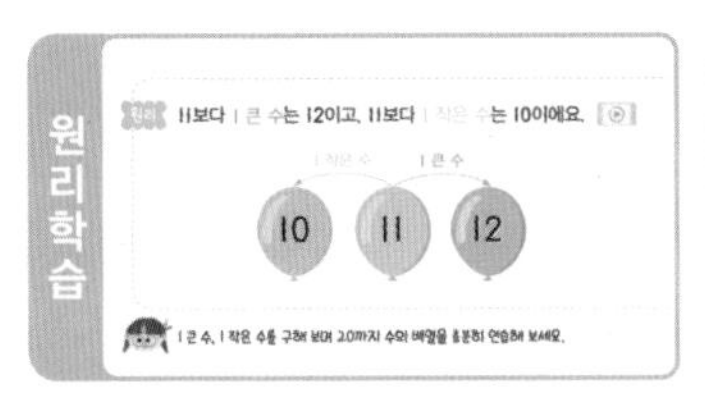

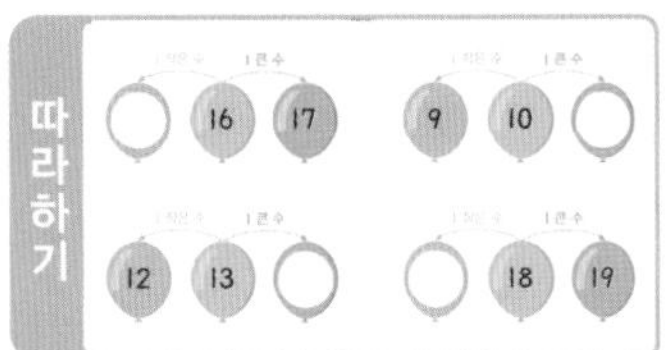

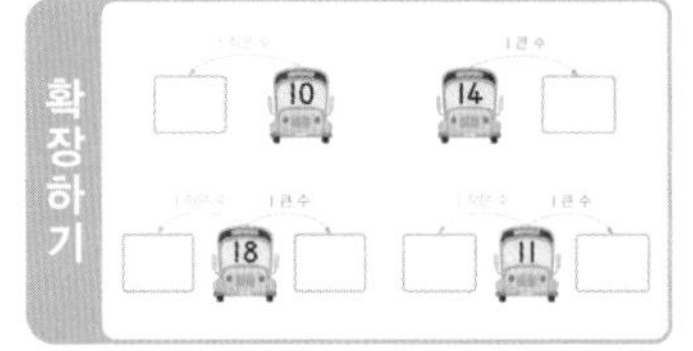

효과적인 반복 훈련의 구성

다양한 방법으로 충분히 원리를 이해한 후 재미있는 단계별 퍼즐을 스스로 해결함으로써 수학 학습에 대한 동기를 부여하여 규칙적으로 훈련하고자 하는 올바른 수학 학습 습관을 길러 줍니다.

예시 S단계 4권 _ 2주차 : 더하기 1, 빼기 1

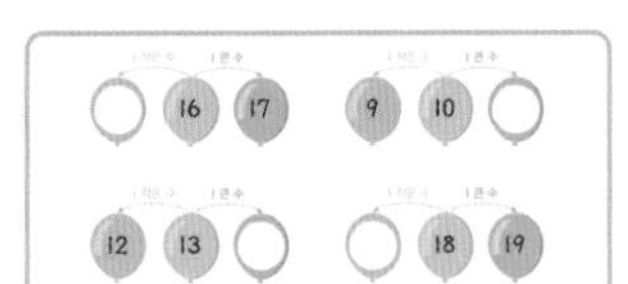

수의 순서를 이용하여
1 큰 수, 1 작은 수 구하기

빈칸 채우기

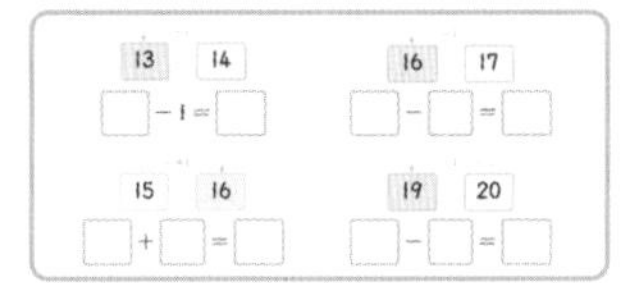

큰 수와 작은 수를 이용한
더하기, 빼기

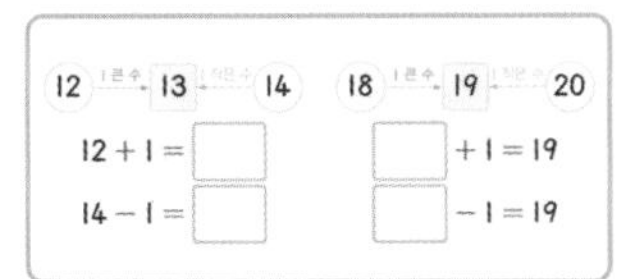

같은 수를 더하기와 빼기로 표현

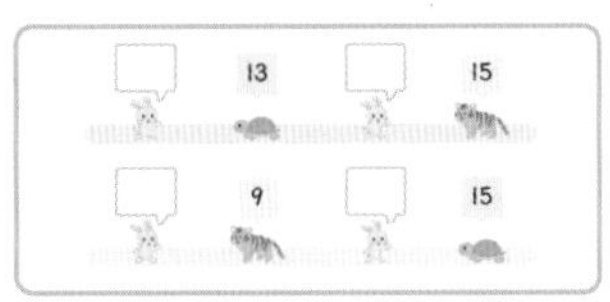

규칙을 이용하여 빈칸 채우기

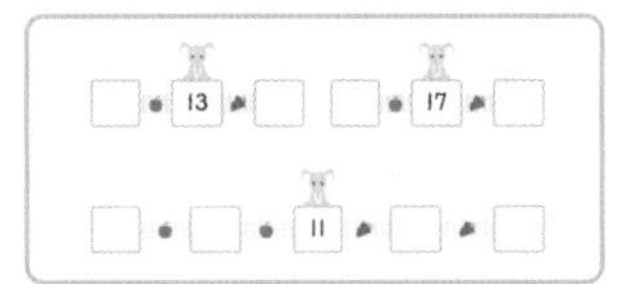

규칙을 이용하여 빈칸 채우기

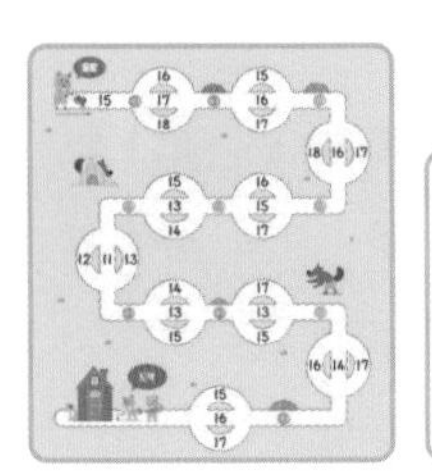

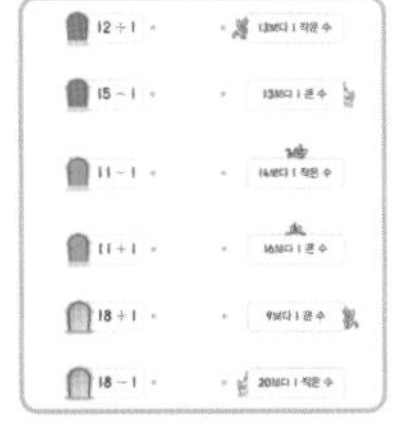

창의·융합 활동을 이용한
더하기, 빼기

같은 계산 결과끼리
선 연결하기

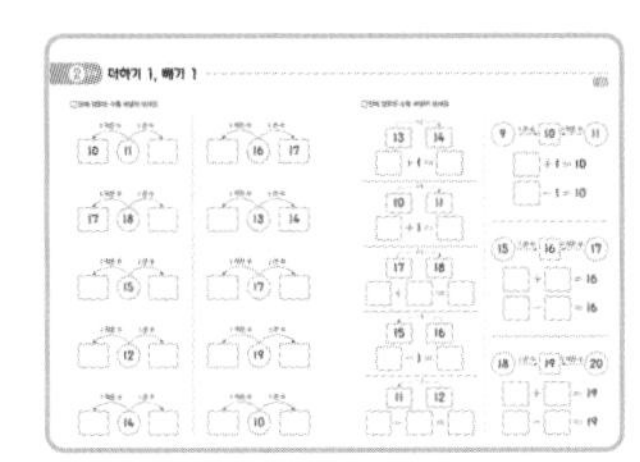

드릴 연산

한 주의 주제를 구체물, 그림, 퍼즐 연산, 수식 등의 다양한 방법을 통하여 즐겁게 반복합니다.
원리를 충분히 활용하여 재미있게 구성한 퍼즐 연산은 각 퍼즐마다 사고력의 단계를 천천히 높여가므로 탄탄한 계산력이 다져지는 것과 함께 사고력도 키울 수 있습니다.

구성과 특징

본문 주별 학습 주제에 맞춰 1~3일차에는 원리 이해와 충분한 연습을 하고, 4~5일차에는 흥미 가득한 퍼즐 연산으로 사고력까지 키워요.

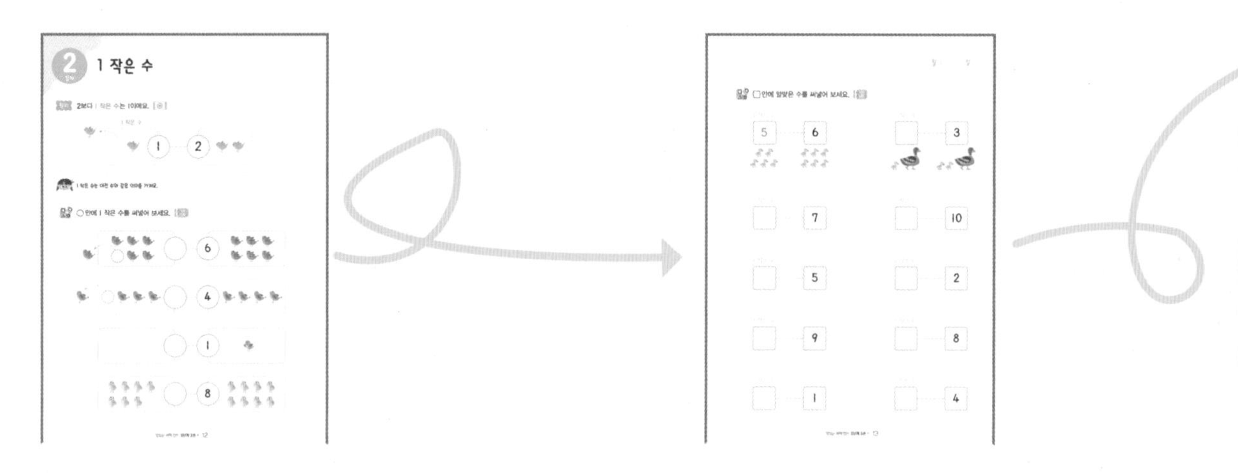

1 한눈에 쏙! 원리 연산

간결하고 쉽게 원리를 배우고
따라해 보면 쉽게 이해할 수 있어요.

2 이해 쑥쑥! 연산 연습

반복 연습을 통해 연산 원리에
대한 이해를 높일 수 있어요.

부록

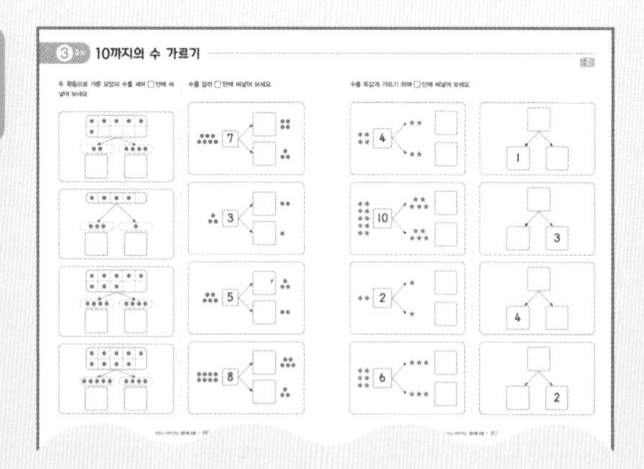

5 집중! 드릴 연산

주별 학습 주제를 복습할 수 있는 드릴 문제로
부족한 부분을 한 번 더 연습할 수 있어요.

이렇게 활용해 보세요!

● 하나

교재의 한 주차 내용을
학습한 후, 반복 학습용으로
활용합니다.

●● 둘

교재의 모든 내용을
학습한 후, 복습용으로
활용합니다.

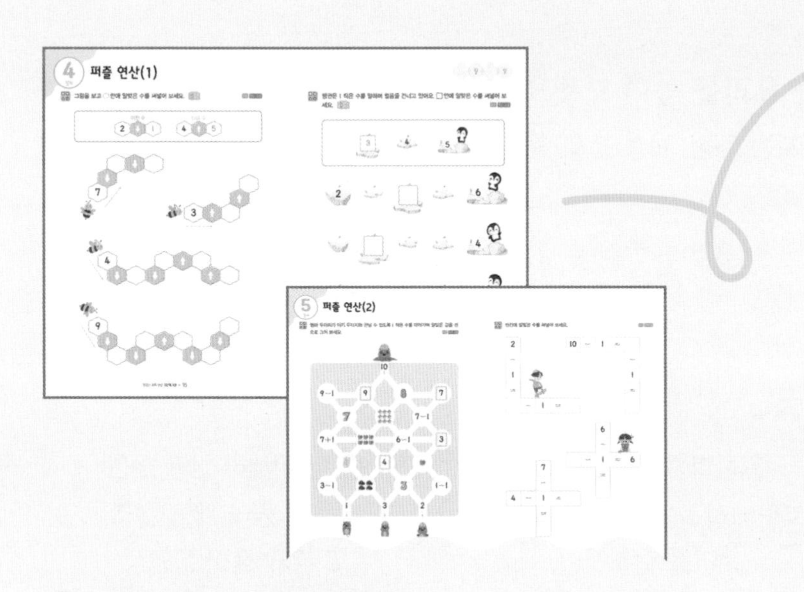

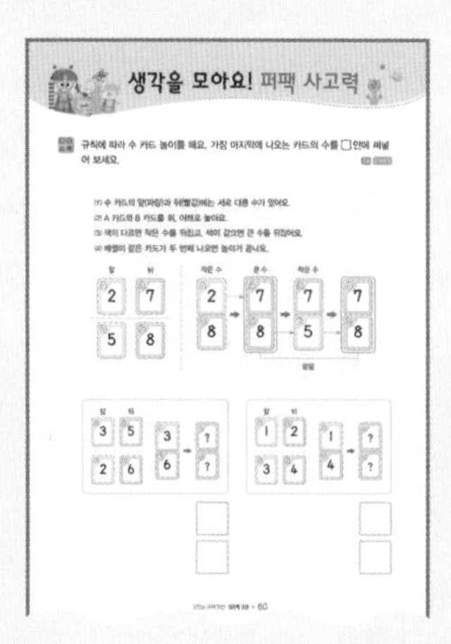

3 흥미 팡팡! 퍼즐 연산

다양한 형태의 문제를 재미있게 연습하며 원리를 적용하는 방법을 익히고 응용력을 키울 수 있어요.

* 퍼즐 연산의 각 문제에 표시된 추론, 문제해결, 의사소통, 정보처리, 창의·융합 은 초등수학 교과역량을 나타낸 것입니다.

4 생각을 모아요! 퍼팩 사고력

4주 동안 배운 내용을 활용하고 깊게 생각하는 문제를 통해서 성취감과 함께 한 단계 발전된 사고력을 키울 수 있어요.

좀 더 자세히 알고 싶을 땐, 동영상 강의를 활용해 보세요!

주차별 첫 페이지 상단의 QR코드를 스캔하면 무료 동영상 강의를 볼 수 있어요. 본문의 원리와 모든 문제를 알기 쉽고 친절하게 설명한 강의를 충분히 활용해 보세요.

'맛있는 퍼팩 연산' APP 이렇게 이용해요.

1. 맛있는 퍼팩 연산 전용 앱으로 학습 효과를 높여 보세요.

맛있는 퍼팩 연산 교재만을 위한 앱에서 자동 채점, 보충 문제, 동영상 강의를 이용할 수 있습니다.

자동 채점

학습한 페이지를
핸드폰 또는 태블릿으로
촬영하면 자동으로
채점이 됩니다.

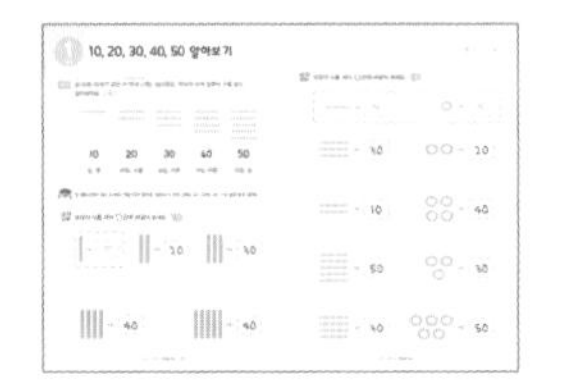

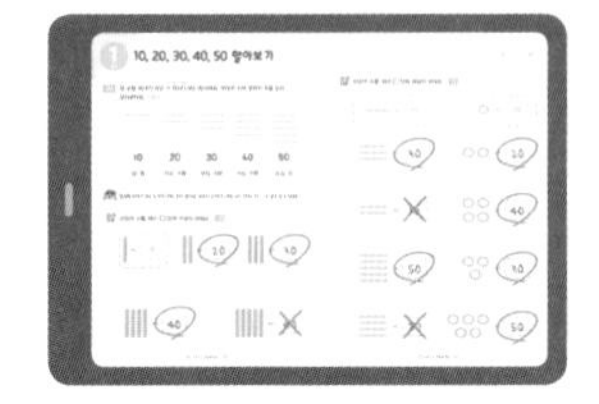

보충 문제

일차별 학습 완료 후
APP에서 보충 문제를 풀고,
정답을 입력하면
바로 채점 결과를
알 수 있습니다.

동영상 강의

좀 더 자세히 알고 싶은
내용은 원리 개념 설명
및 문제 풀이 동영상
강의를 통하여 완벽하게
이해할 수 있습니다.

2. 사용 방법

Google Play 구글 플레이스토어에서 **'맛있는 퍼팩 연산'** 앱 다운로드

App Store 앱스토어에서 **'맛있는 퍼팩 연산'** 앱 다운로드

*** 앱 다운로드**

Android

iOS

*** '맛있는 퍼팩 연산' 앱은 2022년 7월부터 체험이 가능합니다.**

맛있는 퍼팩 연산 | 단계별 커리큘럼

* 제시된 연령은 권장 연령이므로 학생의 학습 상황에 맞게 선택하여 사용할 수 있습니다.

S단계 | 5~7세

1권	9까지의 수	4권	20까지의 수의 덧셈과 뺄셈
2권	10까지의 수의 덧셈	5권	30까지의 수의 덧셈과 뺄셈
3권	10까지의 수의 뺄셈	6권	40까지의 수의 덧셈과 뺄셈

P단계 | 7세 · 초등 1학년

1권	50까지의 수	4권	뺄셈구구
2권	100까지의 수	5권	10의 덧셈과 뺄셈
3권	덧셈구구	6권	세 수의 덧셈과 뺄셈

A단계 | 초등 1학년

1권	받아올림이 없는 (두 자리 수)+(두 자리 수)	4권	받아올림과 받아내림
2권	받아내림이 없는 (두 자리 수)−(두 자리 수)	5권	두 자리 수의 덧셈과 뺄셈
3권	두 자리 수의 덧셈과 뺄셈의 관계	6권	세 수의 덧셈과 뺄셈

B단계 | 초등 2학년

1권	받아올림이 있는 두 자리 수의 덧셈	4권	세 자리 수의 뺄셈
2권	받아내림이 있는 두 자리 수의 뺄셈	5권	곱셈구구(1)
3권	세 자리 수의 덧셈	6권	곱셈구구(2)

C단계 | 초등 3학년

1권	(세 자리 수)×(한 자리 수)	4권	나눗셈
2권	(두 자리 수)×(두 자리 수)	5권	(두 자리 수)÷(한 자리 수)
3권	(세 자리 수)×(두 자리 수)	6권	(세 자리 수)÷(한 자리 수)

차례

1주차 더하기 1

1주차에서는 1권에서 배운 1부터 9까지의 수의 순서를 이용하여 다음 수에 대해서 배웁니다. 또한 1 큰 수를 더하기 1과 연결하여 덧셈의 기초를 다질 수 있습니다.

1 일차

다음 수

원리 수의 순서를 이용하여 다음 수를 구해 보아요.

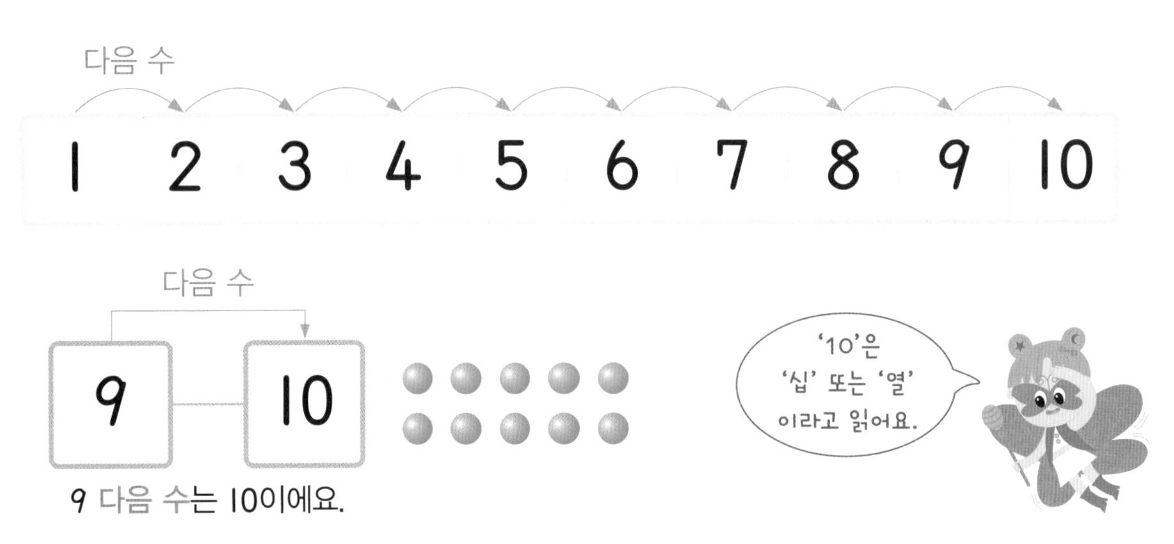

9 다음 수는 10이에요.

수를 순서대로 썼을 때 바로 뒤에 있는 수가 다음 수가 돼요.

빈칸에 알맞은 수를 써넣어 보세요.

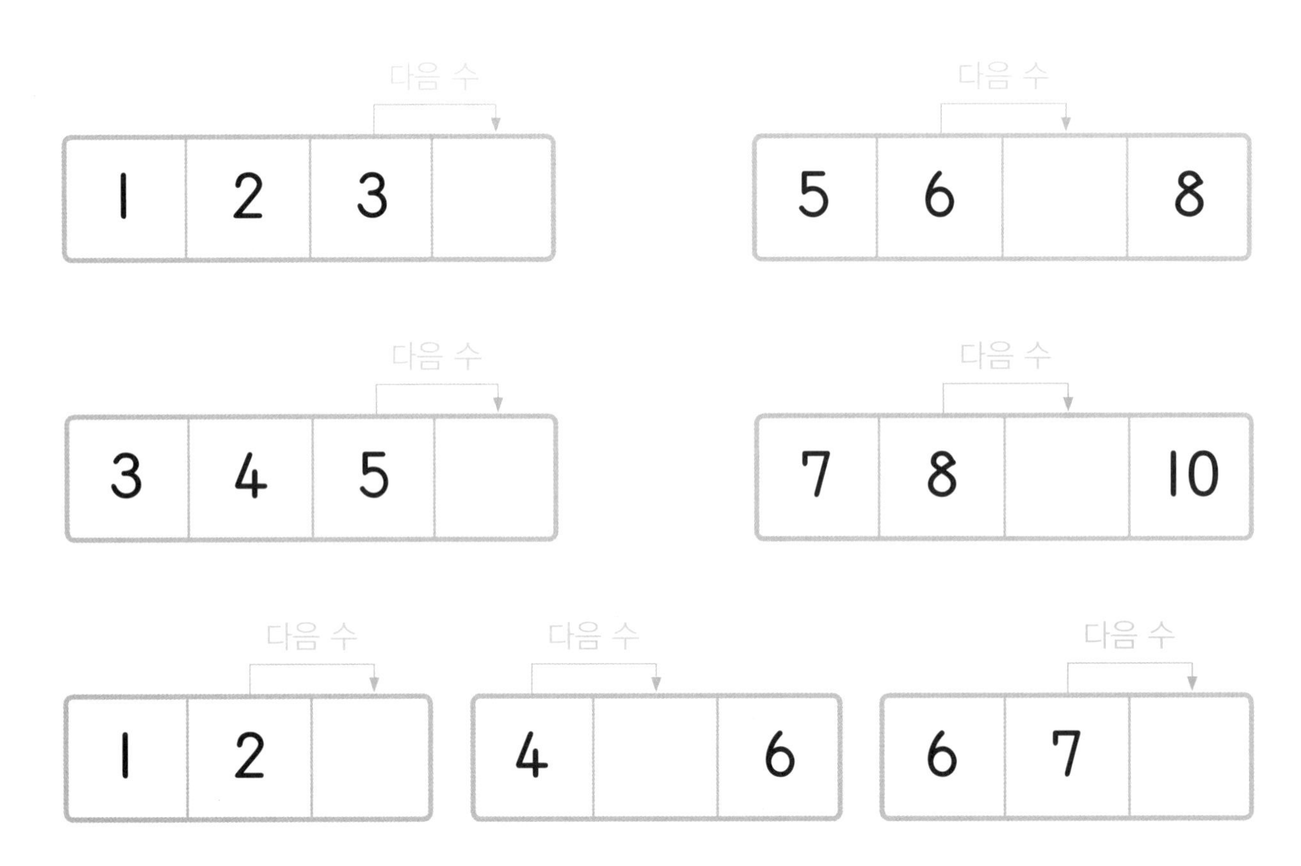

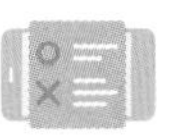

 기차의 숫자를 보고 □ 안에 다음 수를 써넣어 보세요.

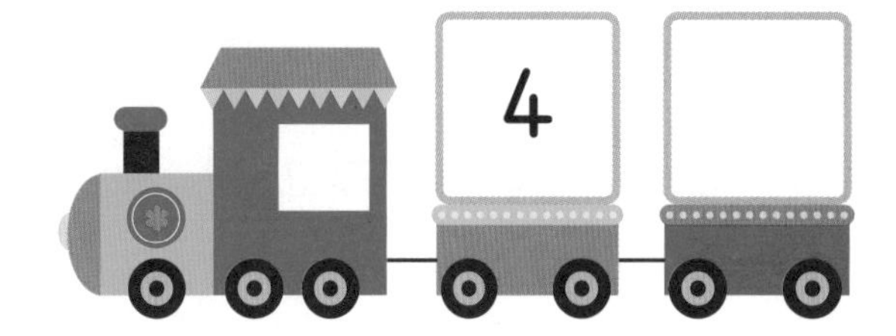

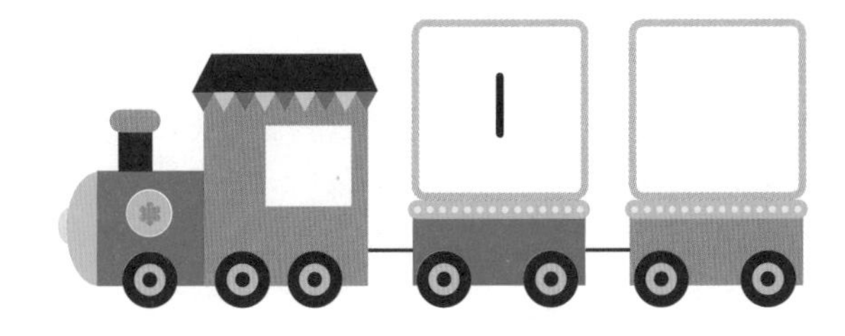

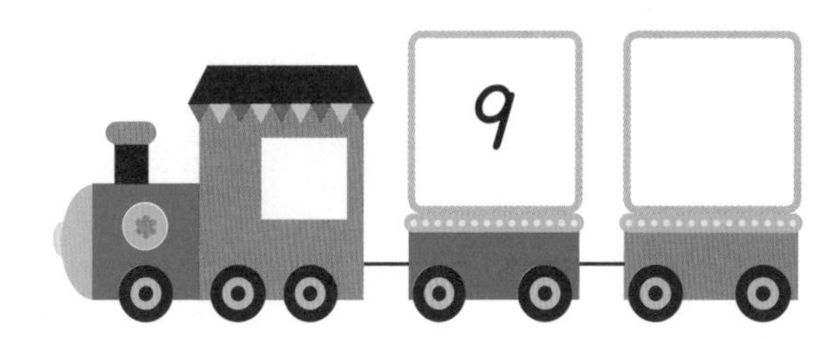

원리 2보다 1 큰 수는 3이에요.

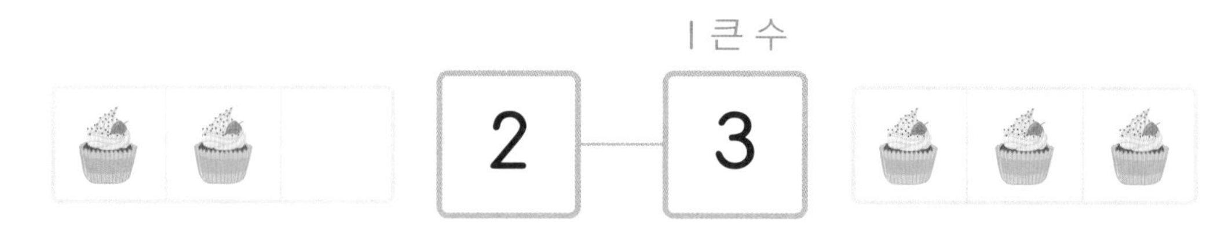

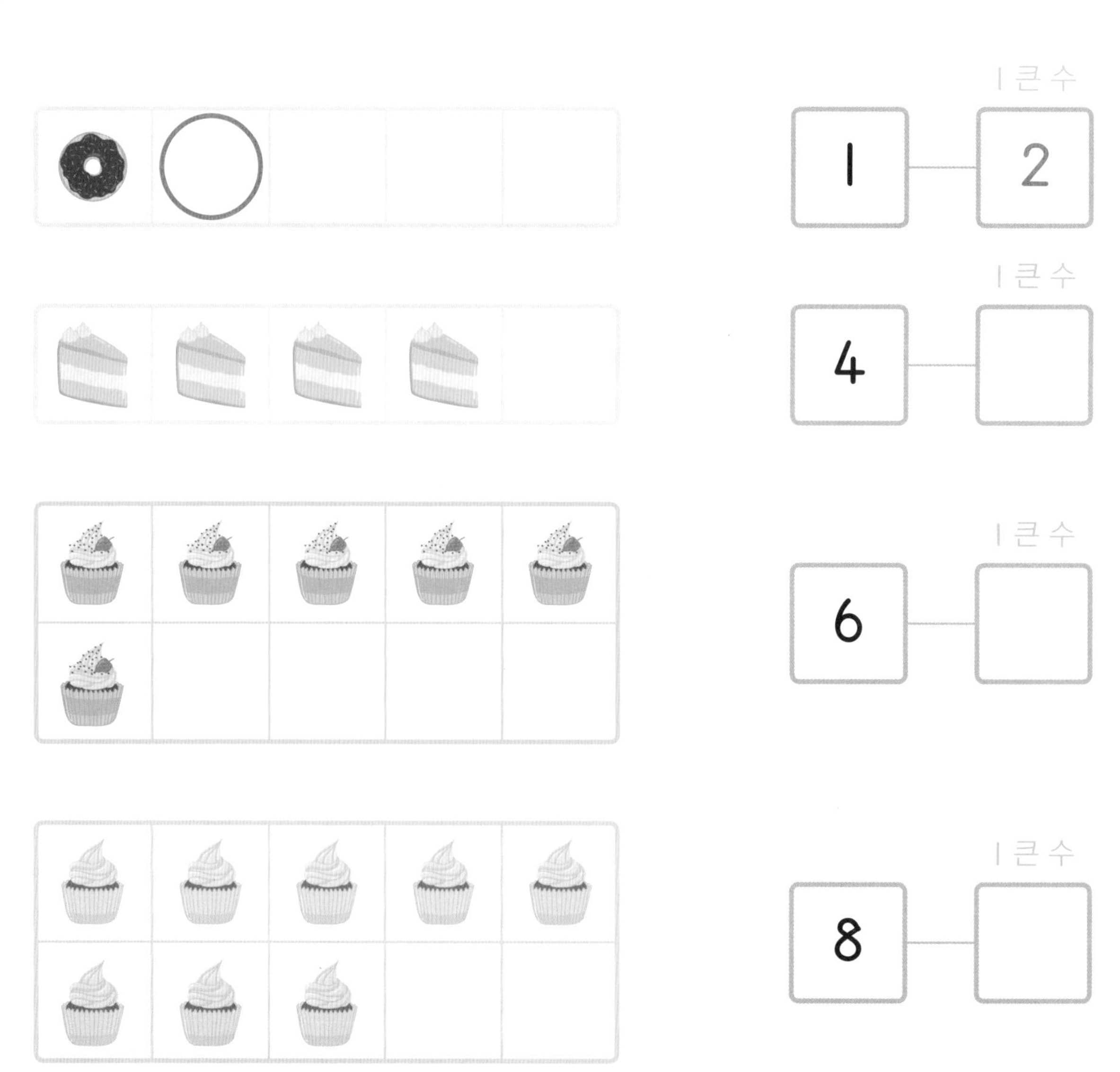

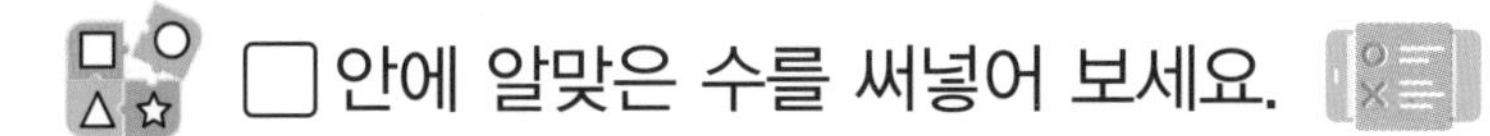

□ 안에 알맞은 수를 써넣어 보세요.

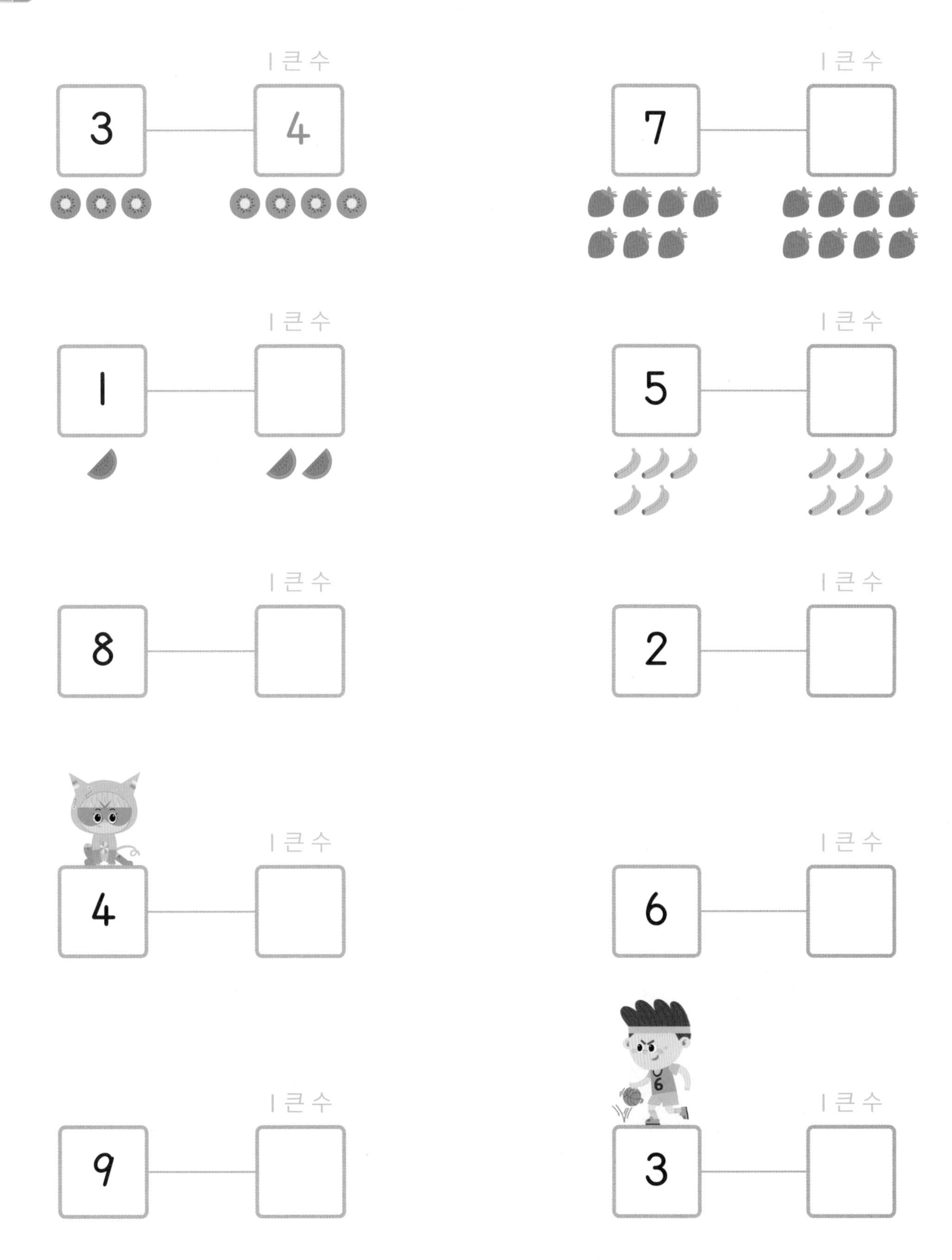

3 일차 더하기 1

원리 1 큰 수는 더하기 1로 나타낼 수 있어요.

1 + 1 = 2

'+'는 더하기를 나타내고,
'='는 왼쪽과 오른쪽이
서로 같다는 것을 나타내요.

1 더하기 1은 2와 같습니다.
1과 1의 합은 2입니다.

□ 안에 알맞은 수를 써넣어 보세요. 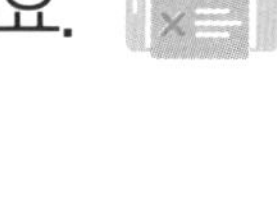

$2 + 1 = \square$

$5 + 1 = \square$

1 큰 수

3 4 5

$3 + 1 = \square$

1 큰 수

7 8 9

$7 + 1 = \square$

1 큰 수

8 9 10

$9 + 1 = \square$

□ 안에 알맞은 수를 써넣어 보세요. 

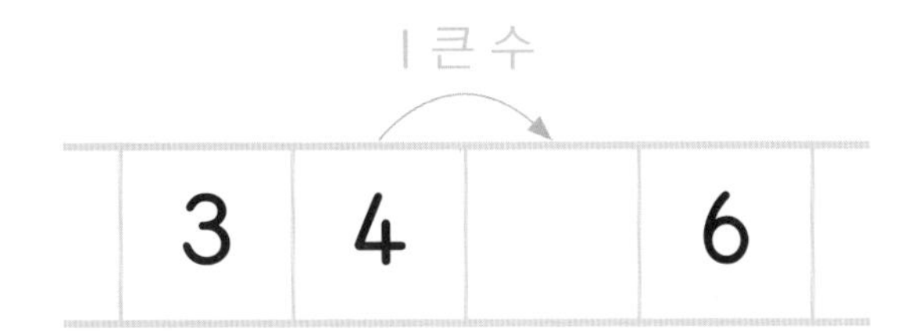

$4 + 1 = \square$

1 큰 수

5	6		8

$6 + 1 = \square$

4	5		7

$5 + 1 = \square$

6			9

$7 + 1 = \square$

1			4

$1 + 1 = \square$

$3 + 1 = \square$

7	8	9	10

$\square + 1 = 9$

$\square + 1 = 10$

퍼즐 연산(1)

그림을 보고 빈 곳에 알맞은 수를 써넣어 보세요. 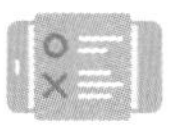 추론

3

2
5

7

동물이 말한 수에 1을 더한 수를 찾아 ◯해 보세요. 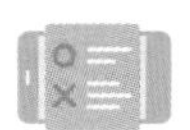 추론

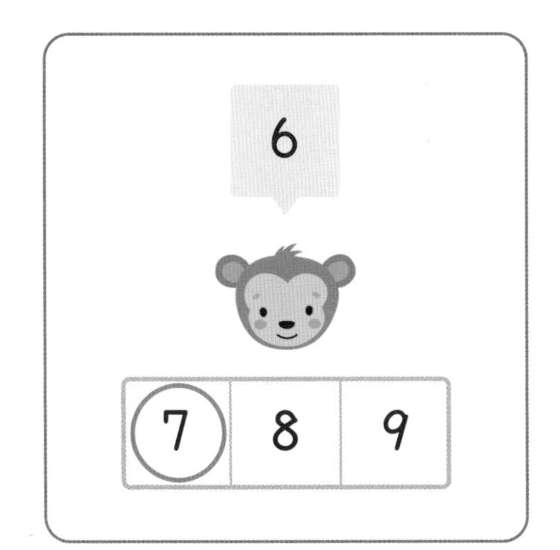

1

1	2	3

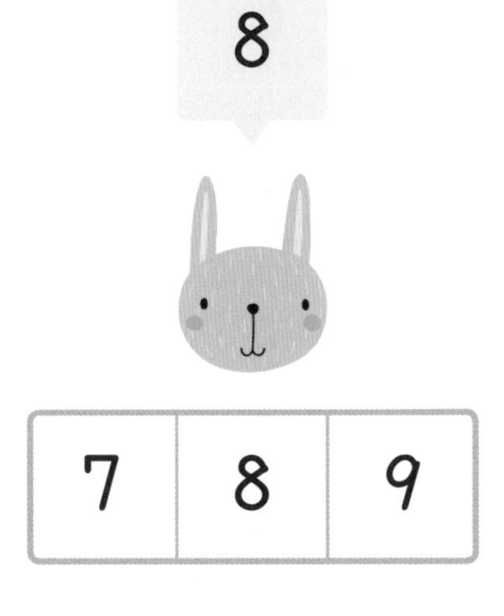

5

5	6	7

퍼즐 연산(2)

원숭이가 바나나를 먹으려고 해요. 1 큰 수를 따라가도록 선을 그어 보세요.

추론 창의·융합

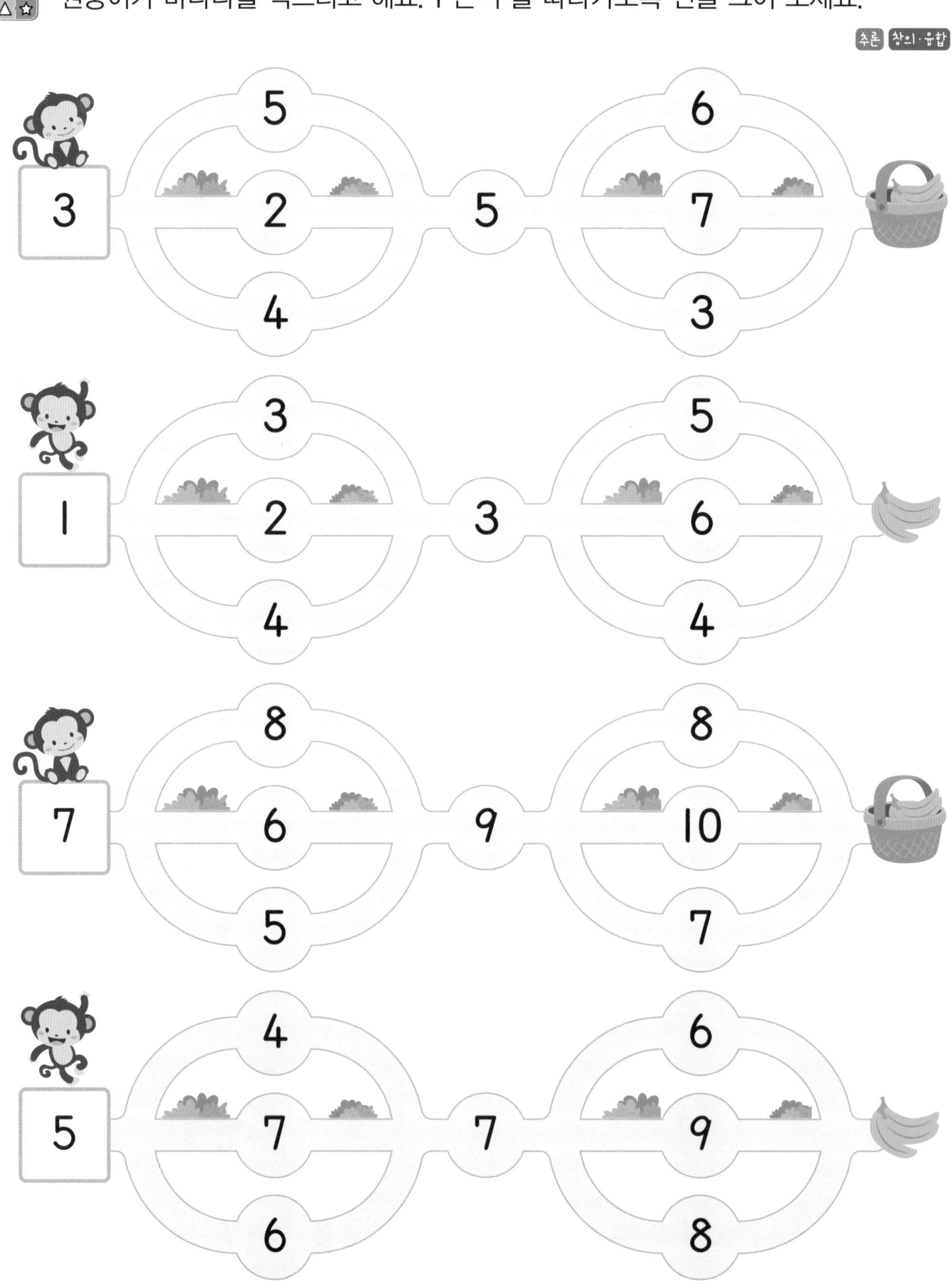

빈칸에 알맞은 수를 써넣어 보세요.

추론 문제해결

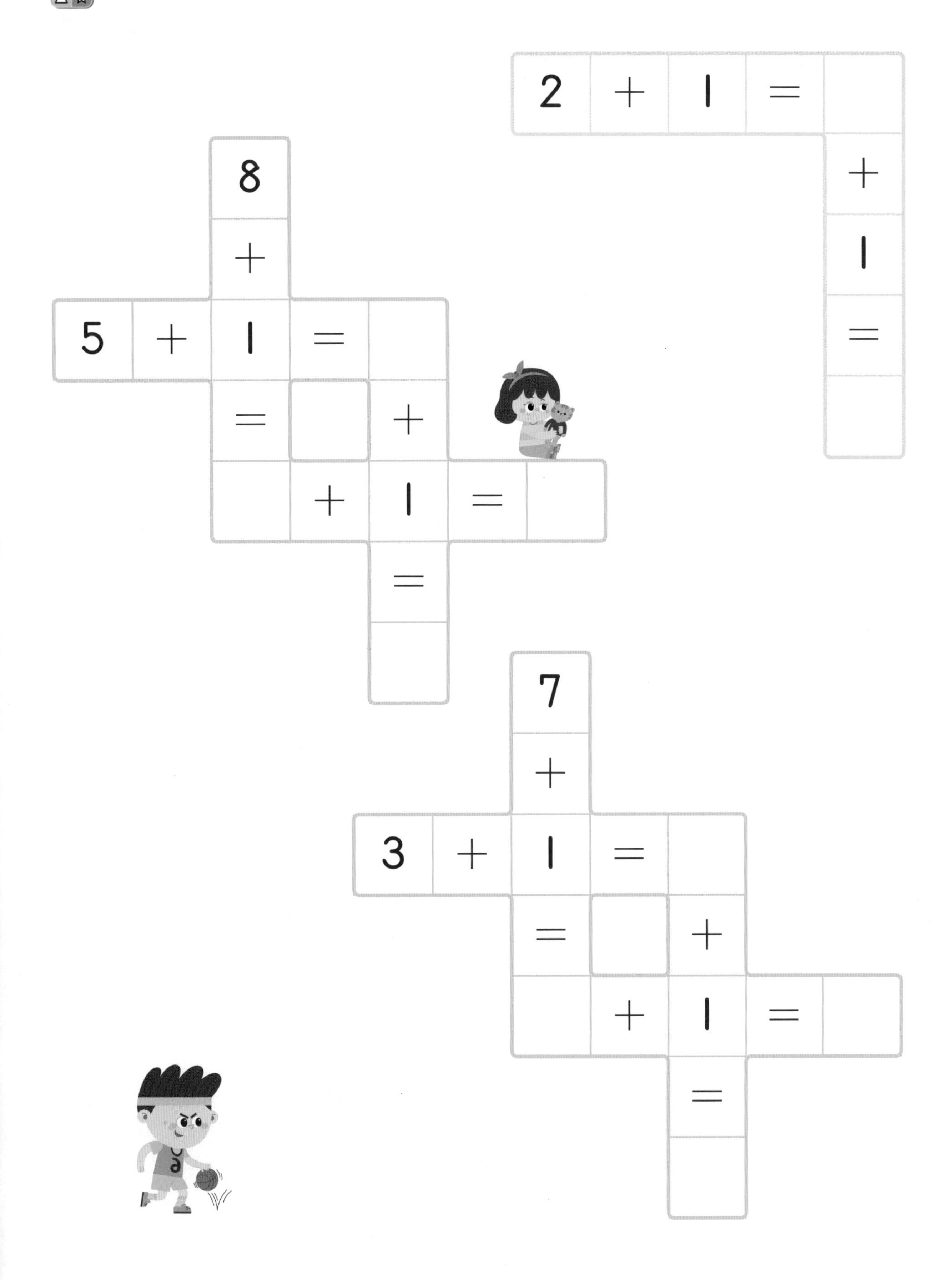

붙임딱지 동물 친구들이 있는 위치에서 주어진 수보다 1 큰 수의 칸만큼 이동하여 붙임딱지를 붙여 보세요.

추론 문제해결

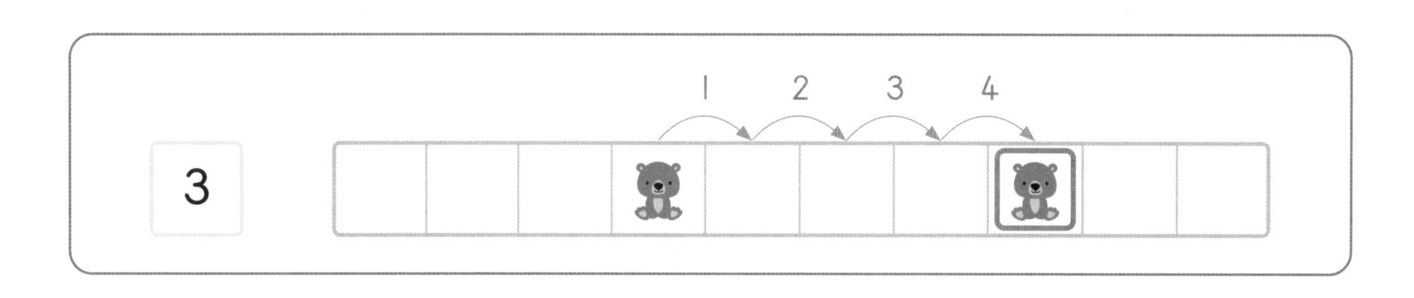

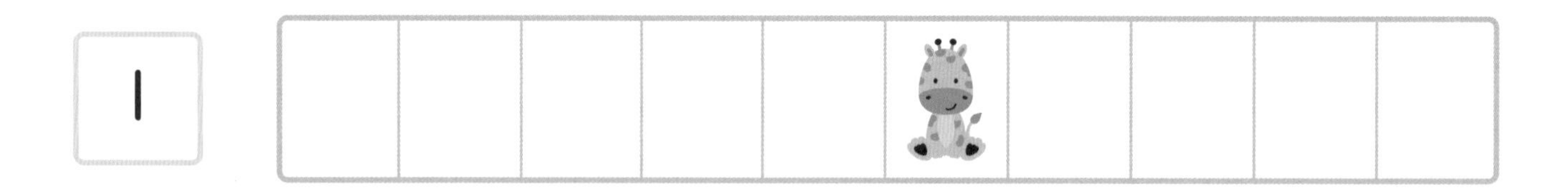

2 주차 더하기 2, 더하기 3

2주차에서는 1주차에서 배운 1 큰 수를 확장하여 2 큰 수, 3 큰 수를 학습합니다. 2 큰 수, 3 큰 수를 더하기와 연결하여 덧셈의 기초를 다질 수 있습니다.

1 일차 2 큰 수

원리 2 큰 수를 알아보아요.

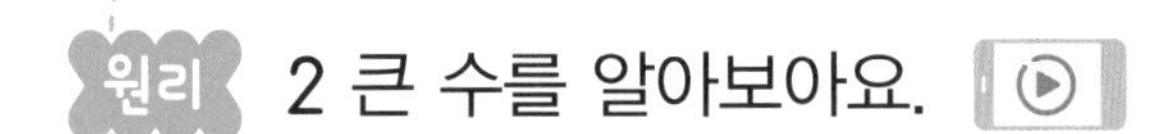

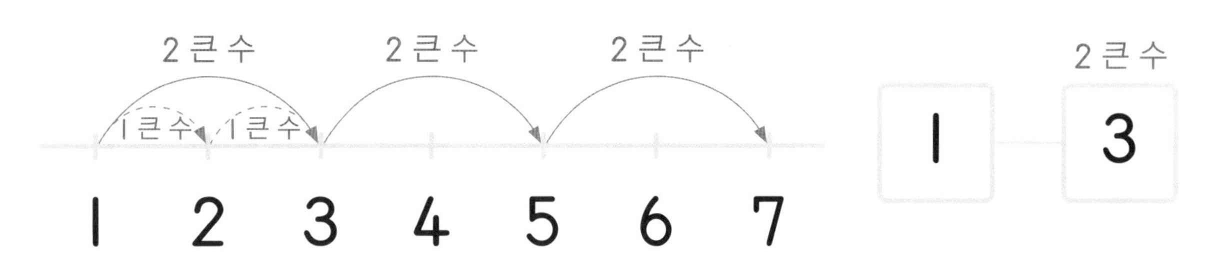

수직선에서 오른쪽으로 두 칸 뛰면 2 큰 수예요. 수의 순서를 이용하여 구할 수도 있어요.

□ 안에 알맞은 수를 써넣어 보세요.

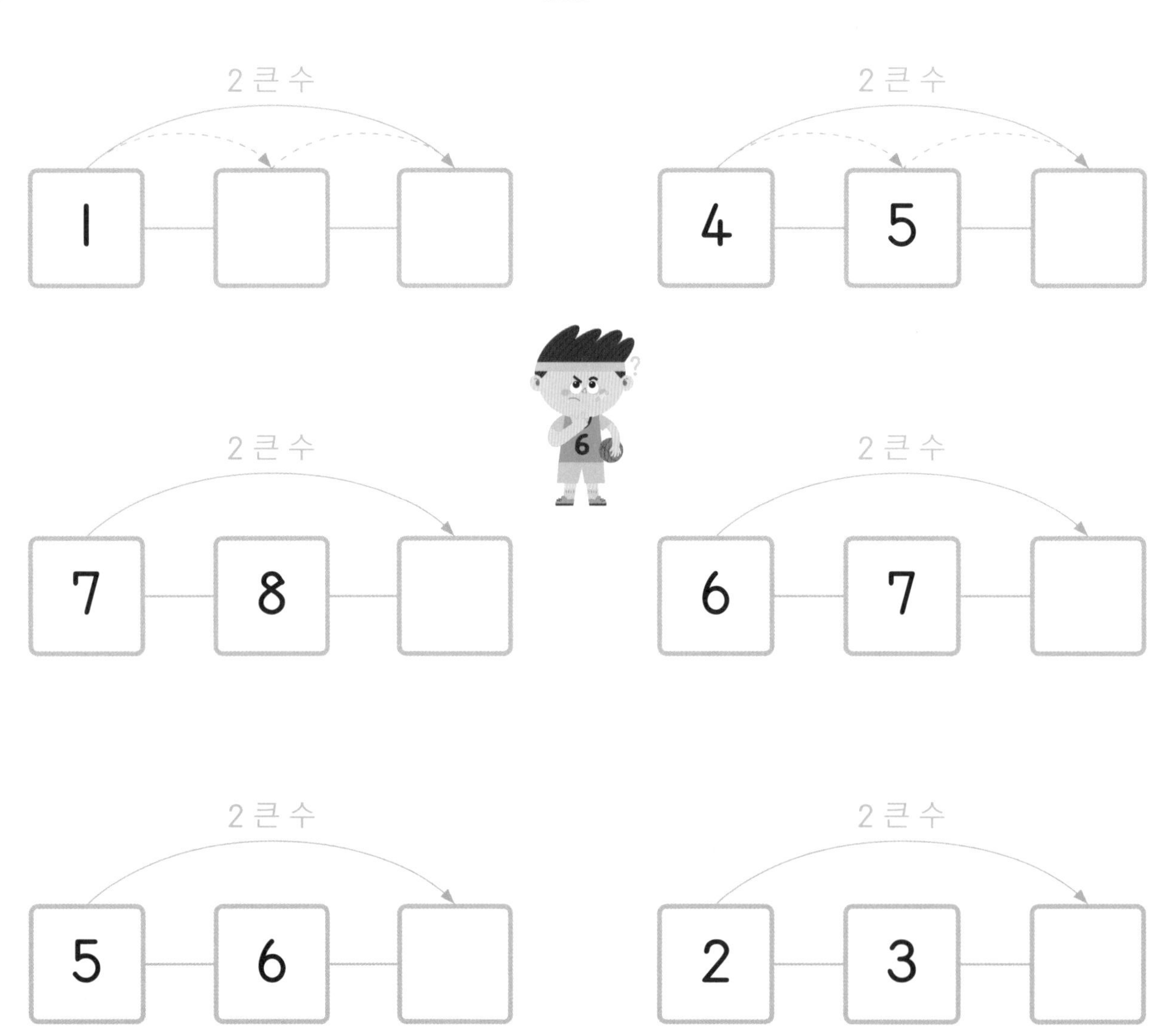

◯ 안에 알맞은 수를 써넣어 보세요.

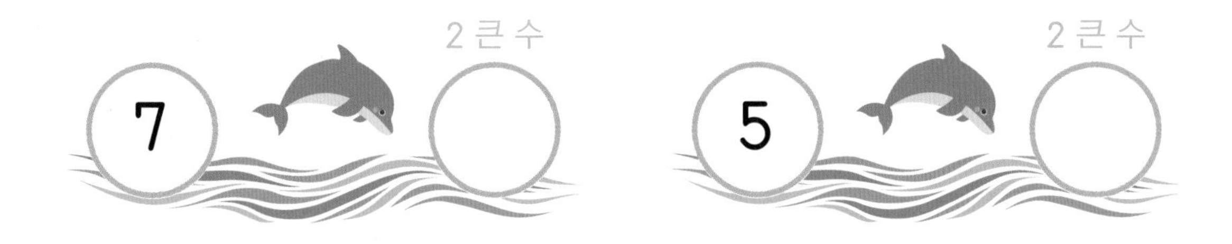

2 일차

3 큰 수

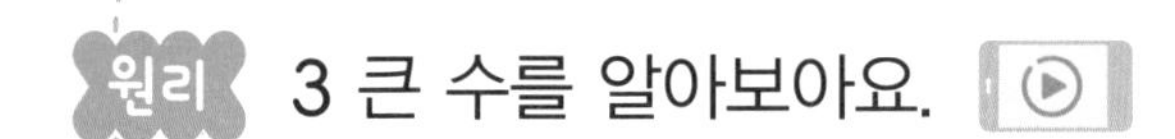

수직선에서 오른쪽으로 세 칸 뛰면 3 큰 수예요.

□ 안에 알맞은 수를 써넣어 보세요.

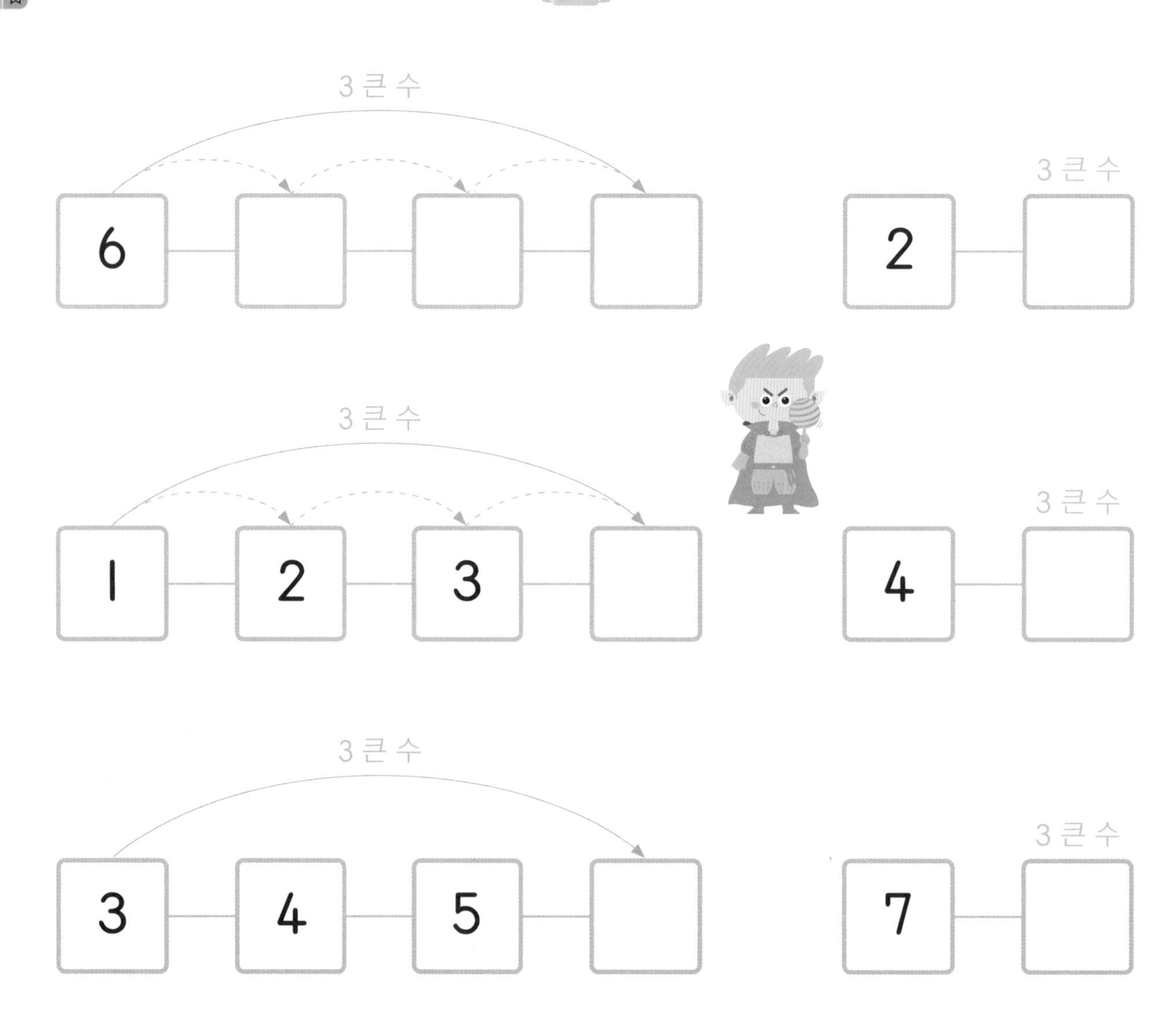

○안에 알맞은 수를 써넣어 보세요.

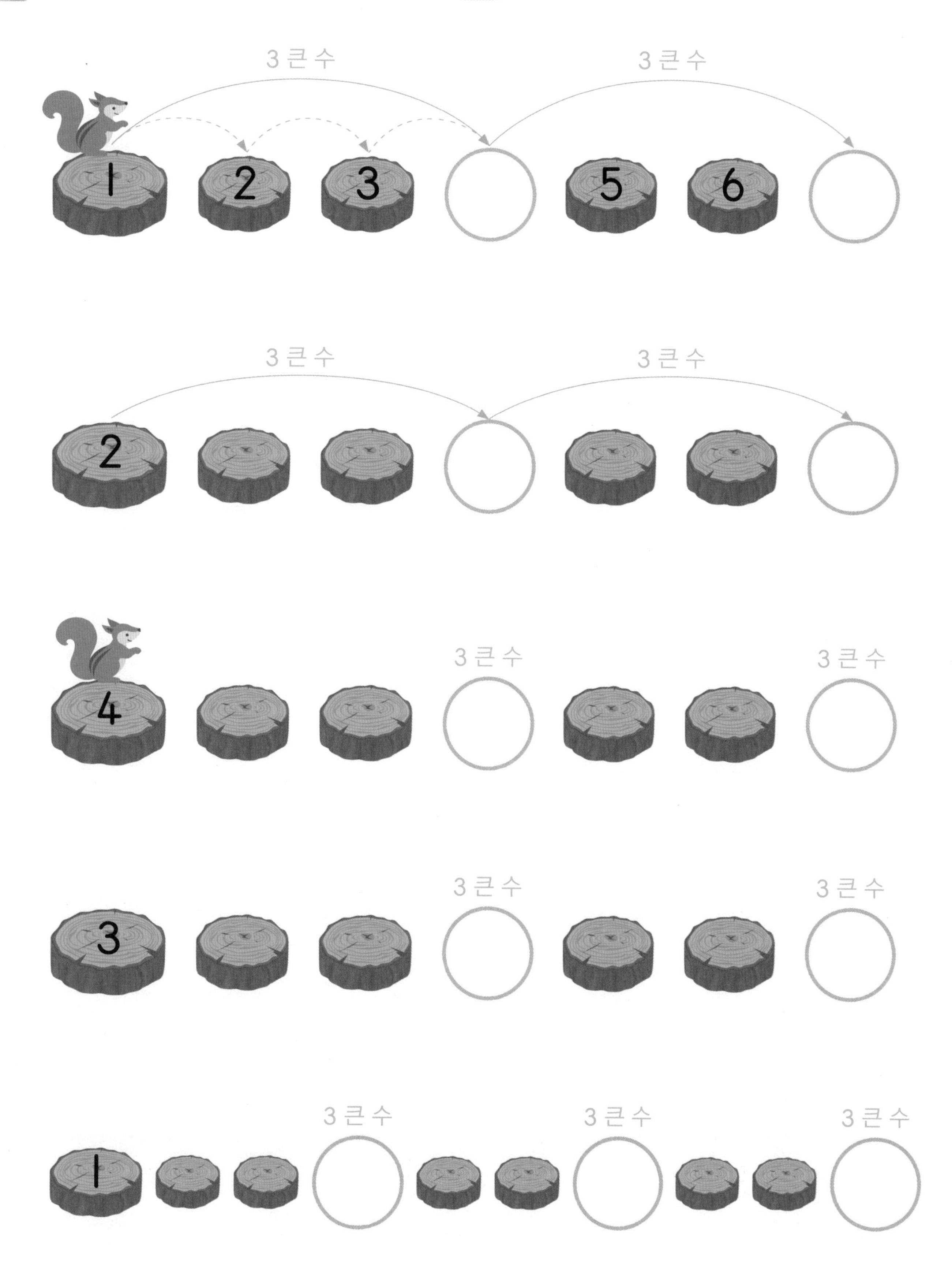

3 일차 더하기 2, 더하기 3

원리 2 큰 수는 더하기 2와 같고, 3 큰 수는 더하기 3과 같아요.

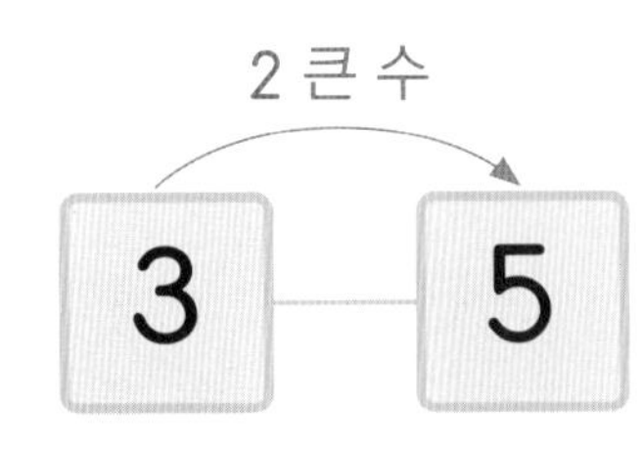

$3 + 2 = 5$

3 더하기 2는 5와 같습니다.
3과 2의 합은 5입니다.

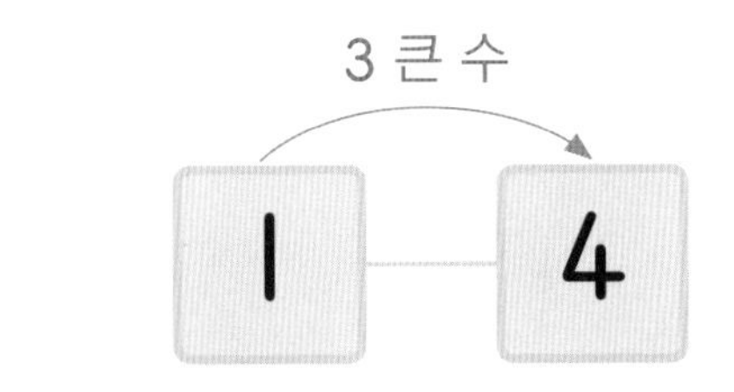

$1 + 3 = 4$

1 더하기 3은 4와 같습니다.
1과 3의 합은 4입니다.

□ 안에 알맞은 수를 써넣어 보세요.

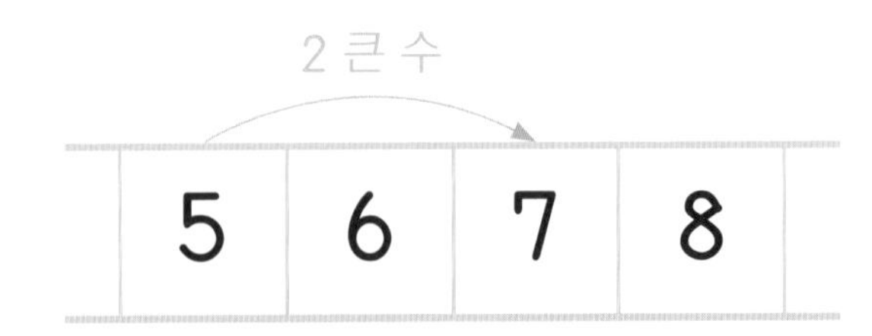

$5 + 2 = \square$

$3 + 3 = \square$

$8 + 2 = \square$

3 큰 수

6	7	8	9

$6 + 3 = \square$

□ 안에 알맞은 수를 써넣어 보세요. 

$2 + 2 = \square$

$4 + 3 = \square$

$6 + 2 = \square$

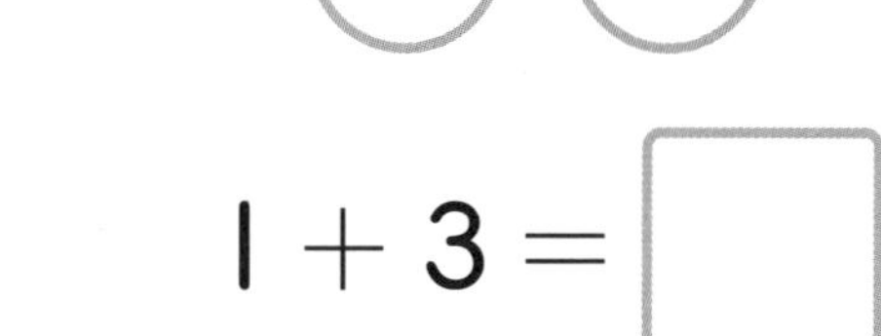

$1 + 3 = \square$

$5 + 3 = \square$

$4 + 2 = \square$

퍼즐 연산(1)

규칙에 따라 ◯ 안에 알맞은 수를 써넣어 보세요.  

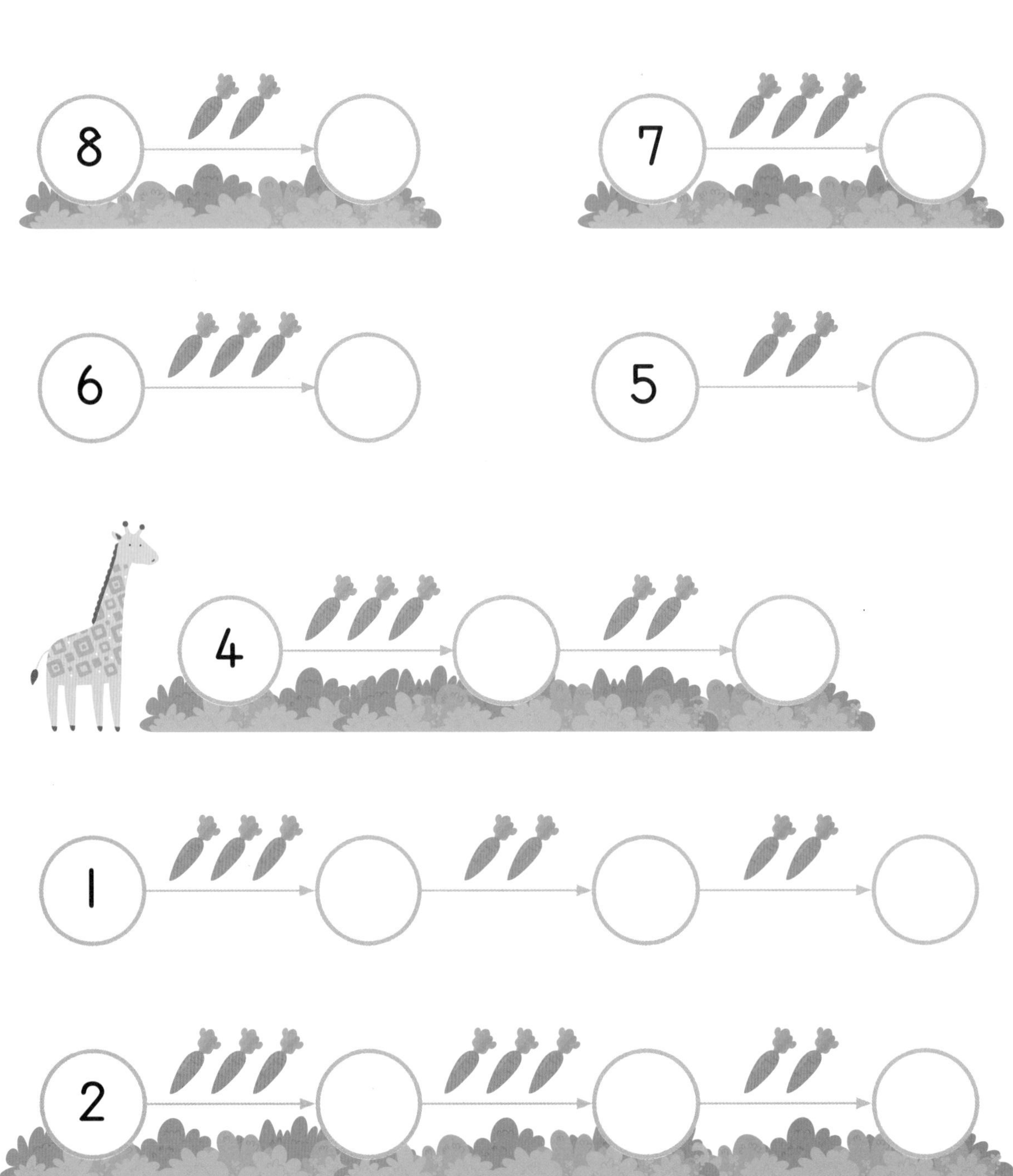

월 일

규칙에 따라 ◯ 안에 알맞은 수를 써넣어 보세요.

추론

4 —(2 큰 수)→ 6   6 —(3 큰 수)→ 9

1 → ◯   5 → ◯

2 → ◯ → ◯ → ◯

5 → → ◯

1 → → → ◯

3 → → → ◯

1 → → → ◯

퍼즐 연산(2)

붙임딱지 수를 나열한 규칙이 같은 것에 붙임딱지를 붙여 보세요. 추론

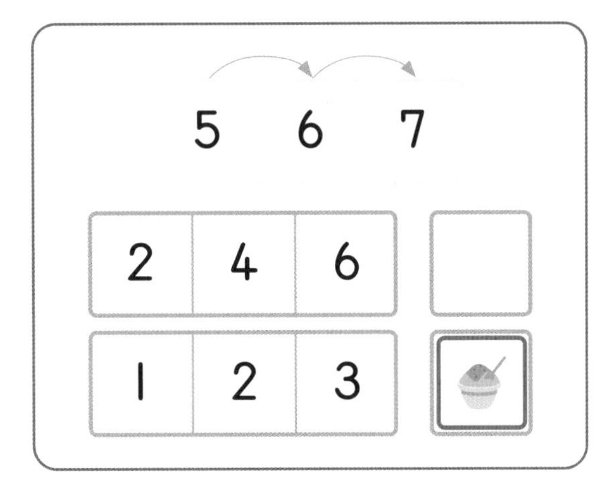

8	9	10

3	4	5	
5	7	9	

6	8	10

4	7	10	
1	3	5	

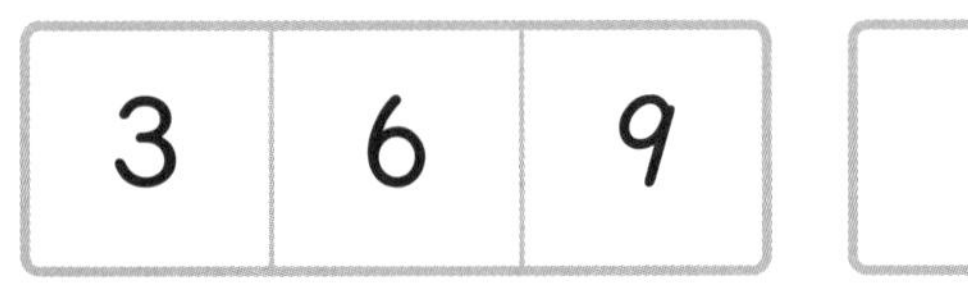

2	5	8

3	5	7	
3	6	9	

1	4	7

4	6	8	
2	5	8	

5	7	9

2	4	6	
6	7	8	

그림을 보고 빈 곳에 알맞은 붙임딱지를 붙여 보세요.

추론 문제해결

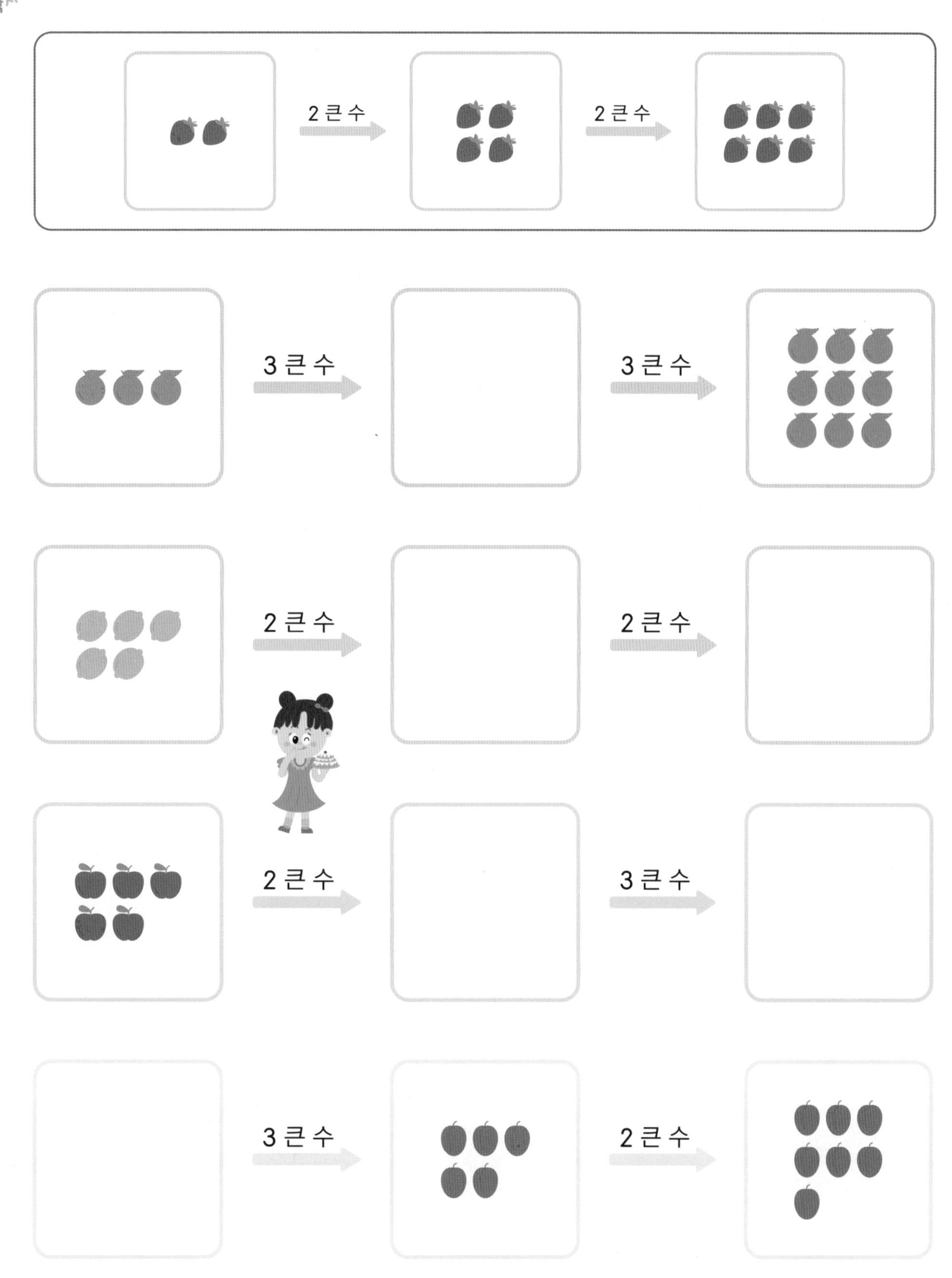

2씩 더한 수에 모두 ◯ 하고, 아래 그림에서 그 수를 찾아서 색칠해 보세요.

문제해결 창의·융합

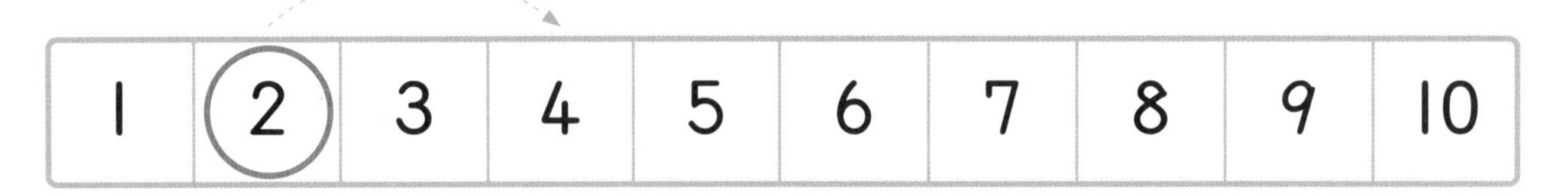

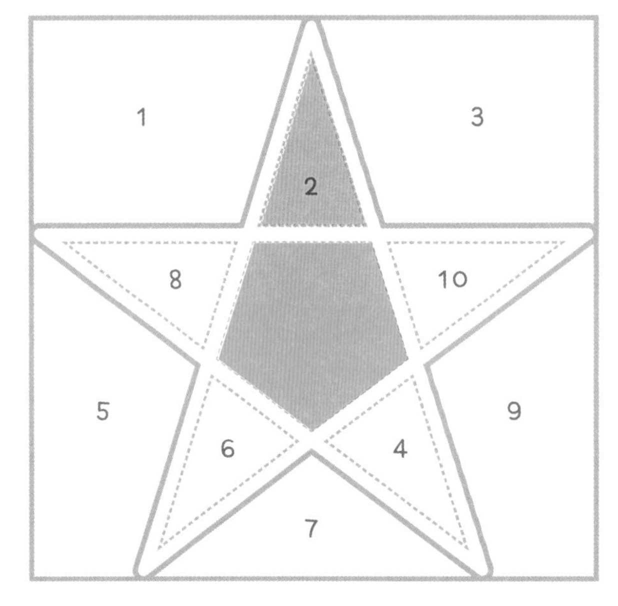

1	2	3	4	5	6	7	8	9	10

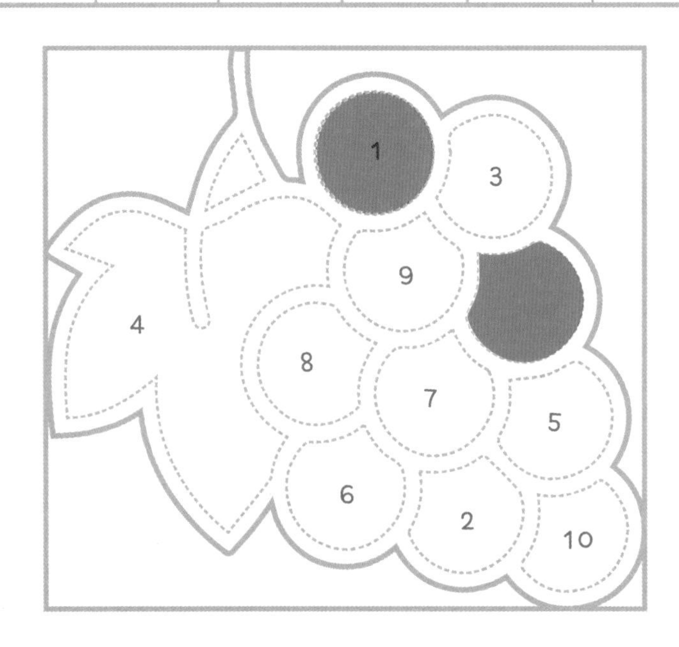

3씩 더한 수에 모두 ◯ 하고, 아래 그림에서 그 수를 찾아서 색칠해 보세요.

문제해결 창의·융합

1	2	3	4	5	6	7	8	9	10

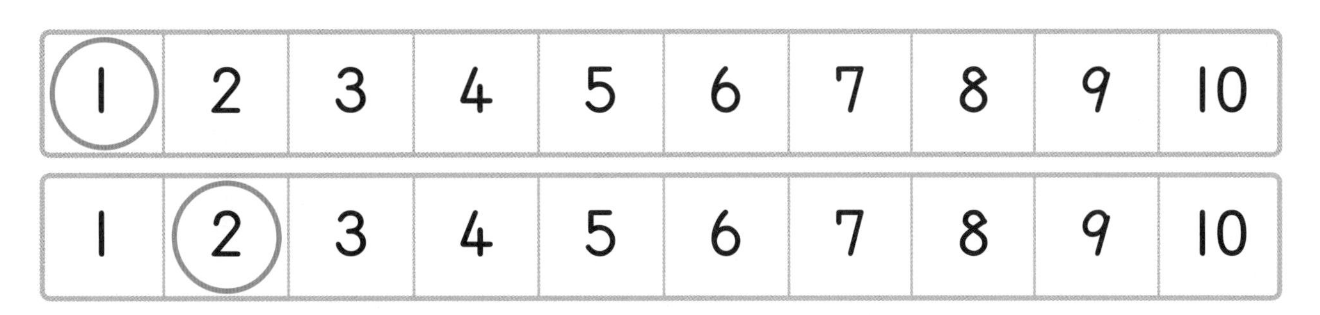

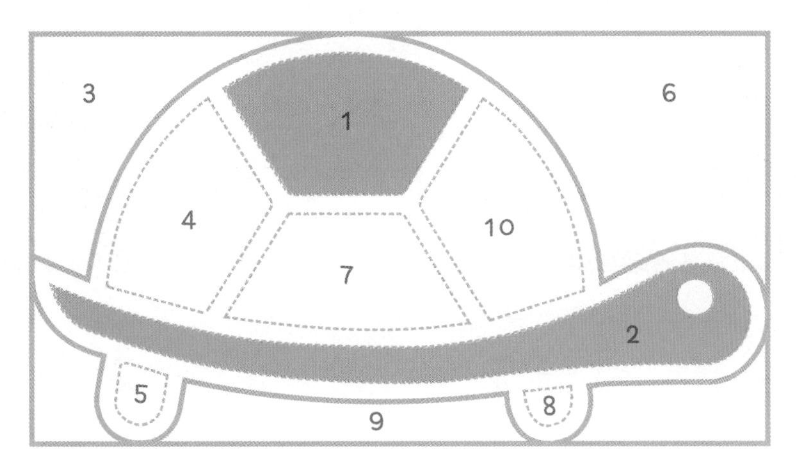

동물이 산 정상에 오르려면 얼마를 더해야 하는지 □ 안에 알맞은 수를 써넣어 보세요. 추론

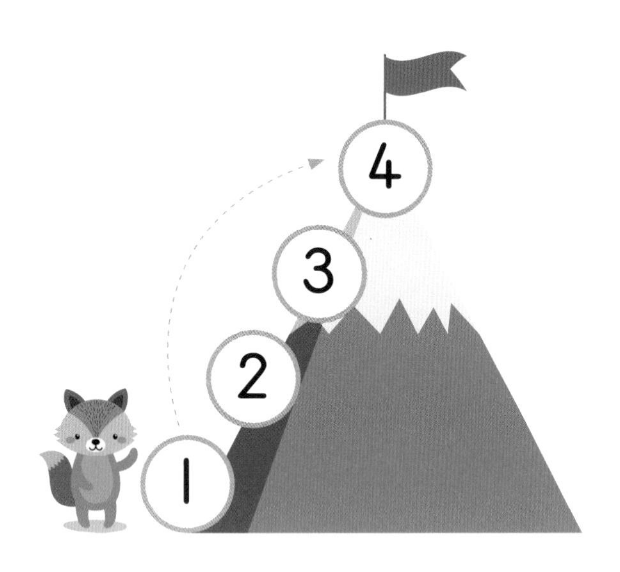

$1 + \square = 4$

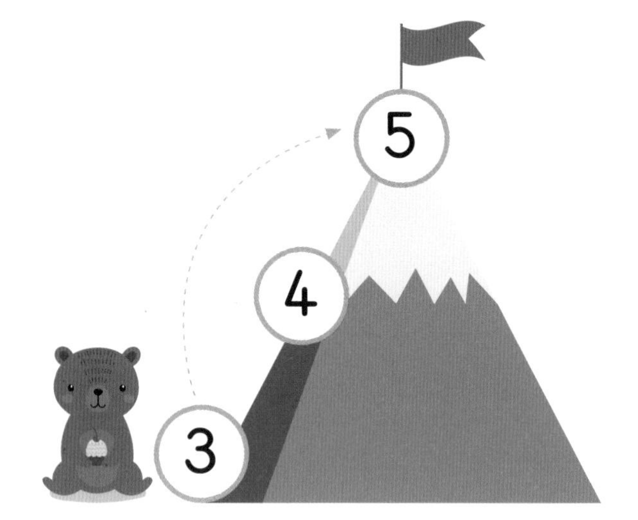

$3 + \square = 5$

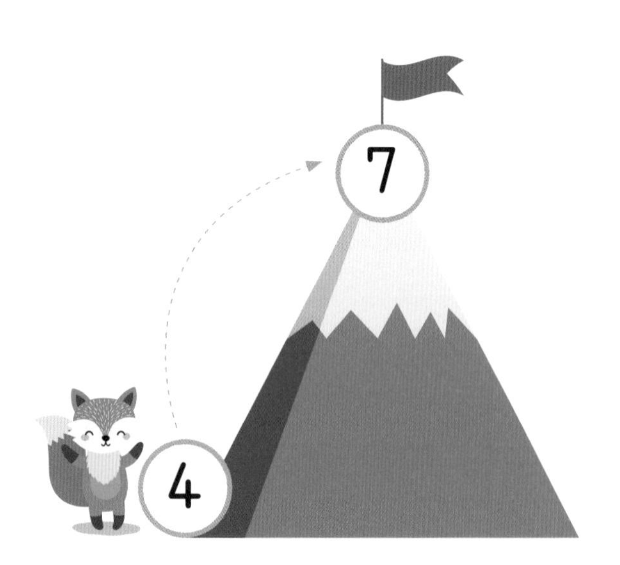

$4 + \square = 7$

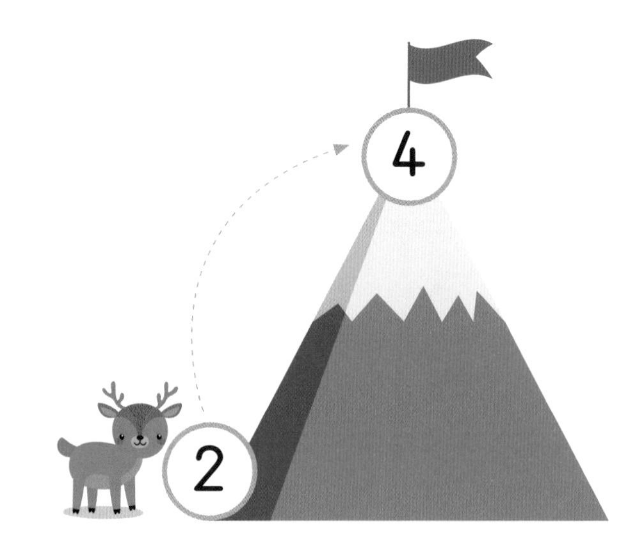

$2 + \square = 4$

3 주차 10까지의 수 모으기

3주차에서는 두 수를 모으는 연습을 통해 더하기에 대한 기본적인 개념을 배웁니다. 구체물의 개수를 하나씩 세는 방법으로 시작하여 추상적인 수의 모으기를 연습합니다.

그림 보고 수 모으기

원리 과일을 한 곳에 모았어요. 모은 과일의 수를 세어 보아요.

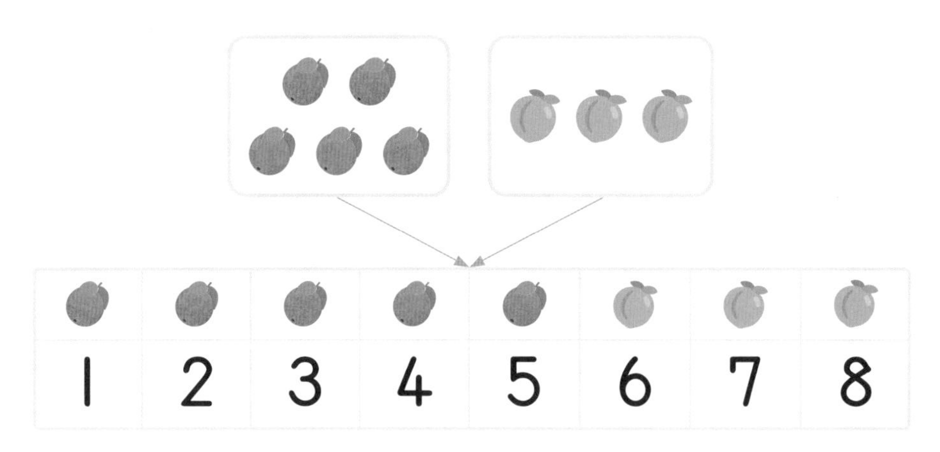

과일을 모았어요. 수를 세어 빈칸에 써넣어 보세요.

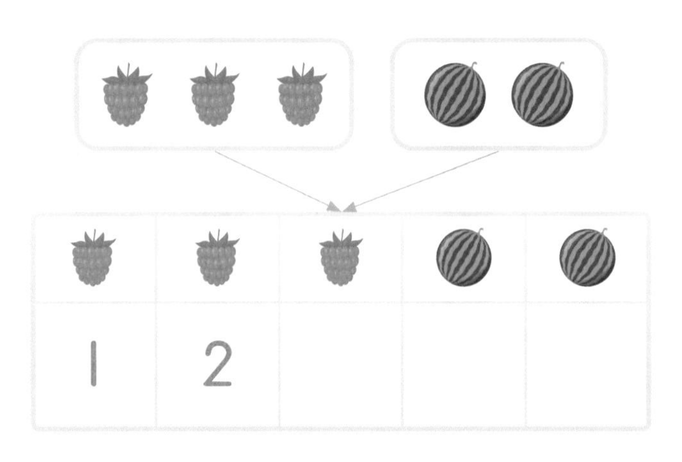

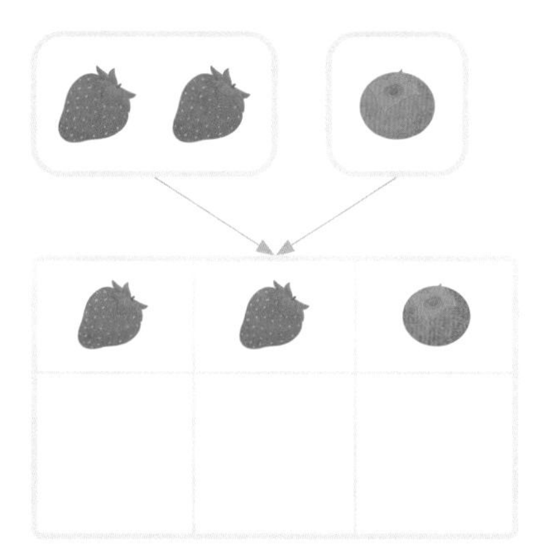

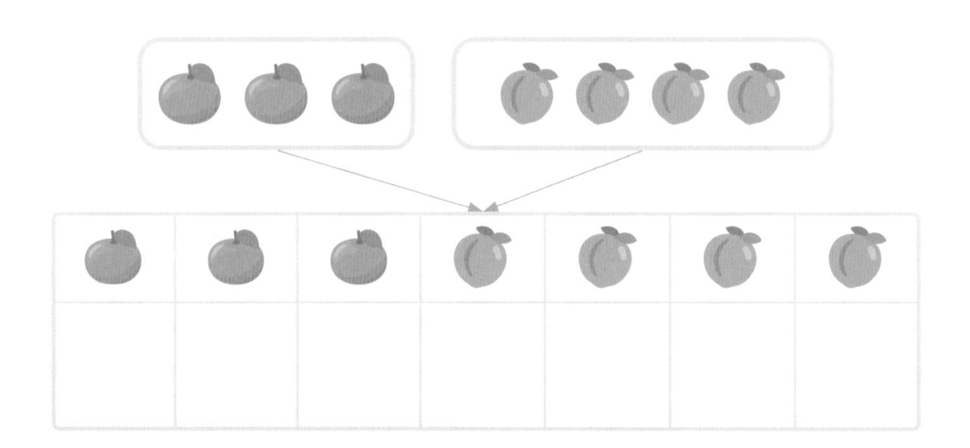

모은 모양의 수를 세어 □ 안에 써넣어 보세요. 

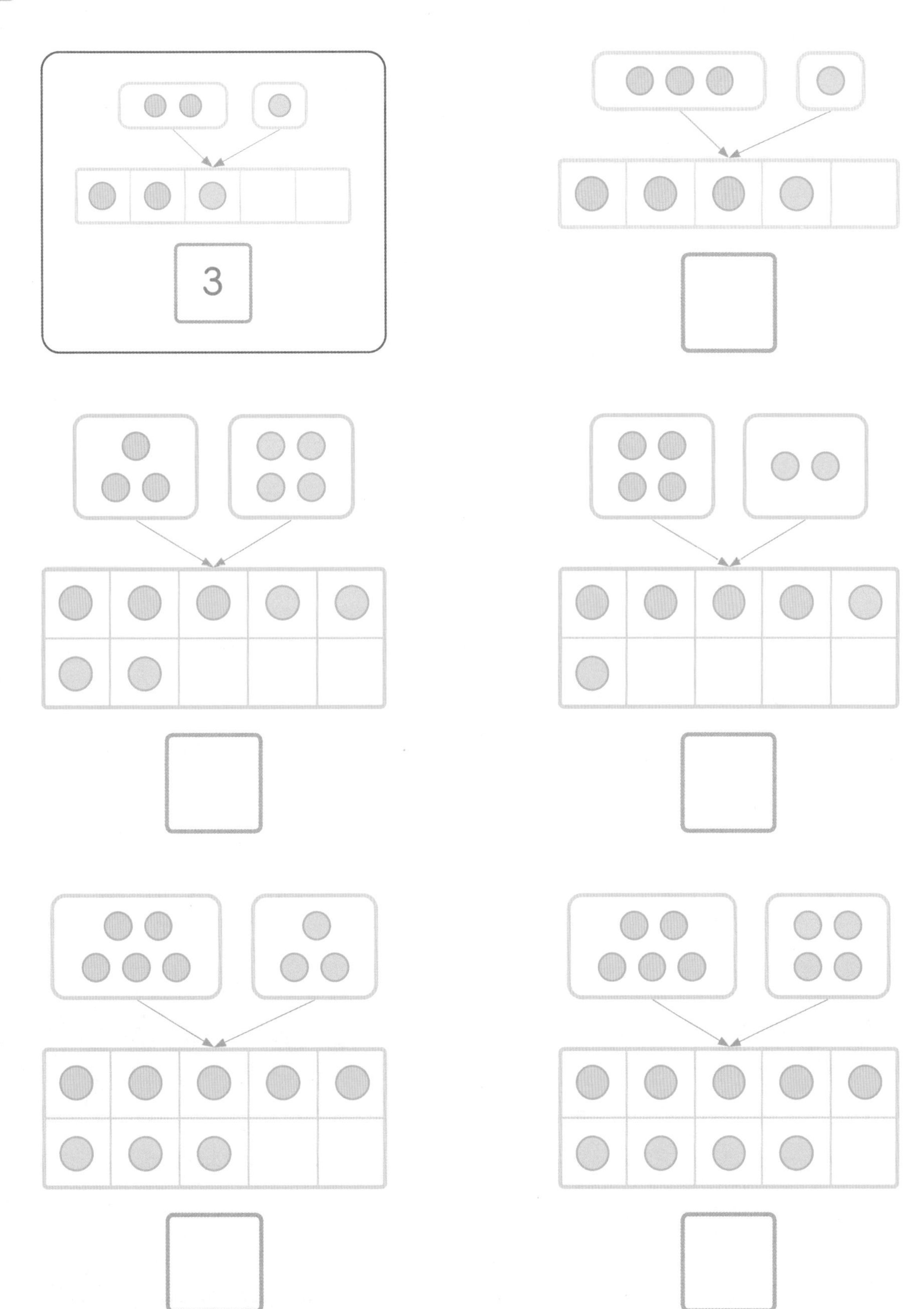

수 모으기

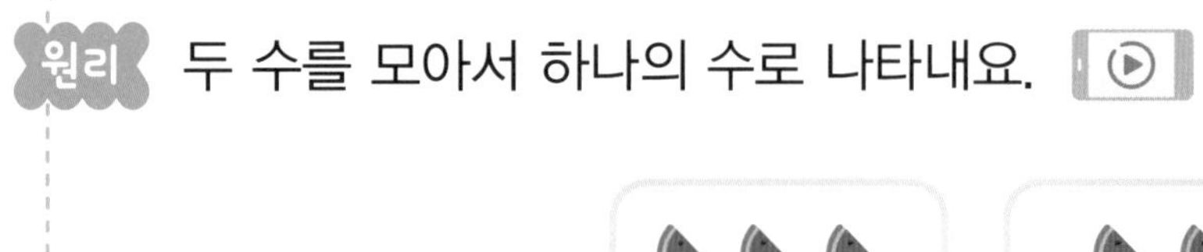

원리 두 수를 모아서 하나의 수로 나타내요.

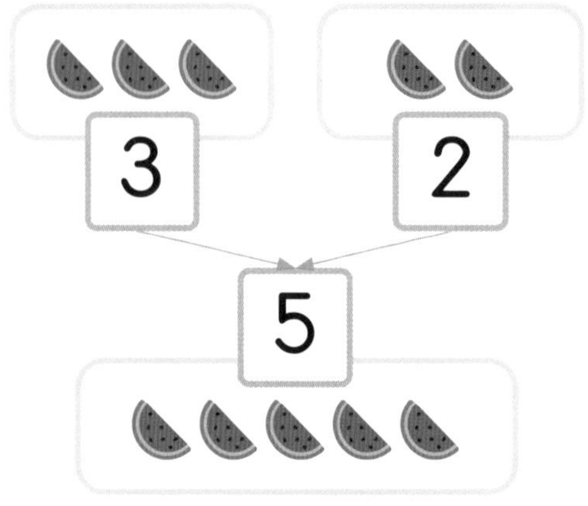

수를 모았어요. □ 안에 알맞은 수를 써넣어 보세요.

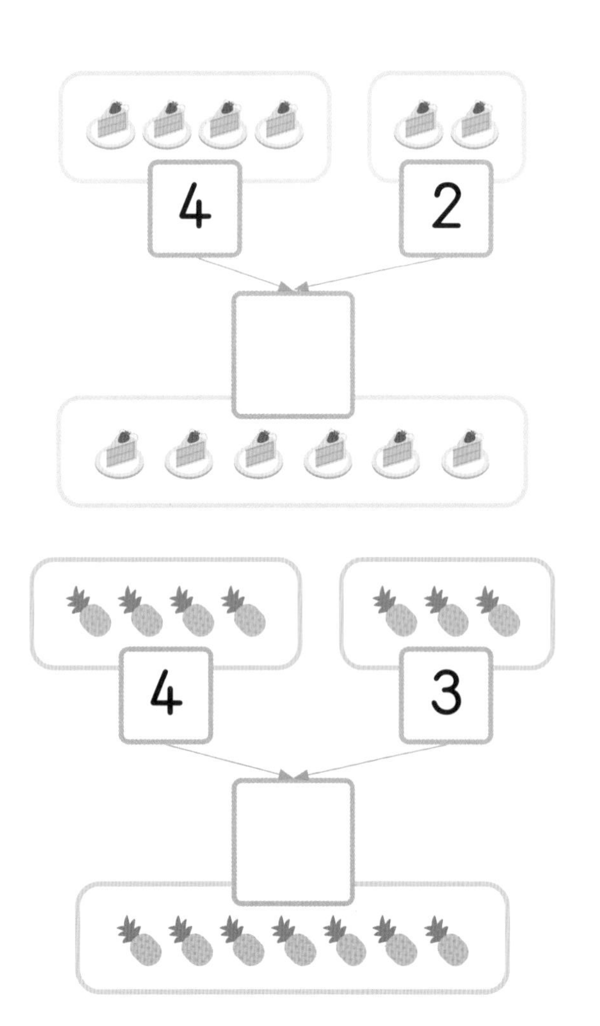

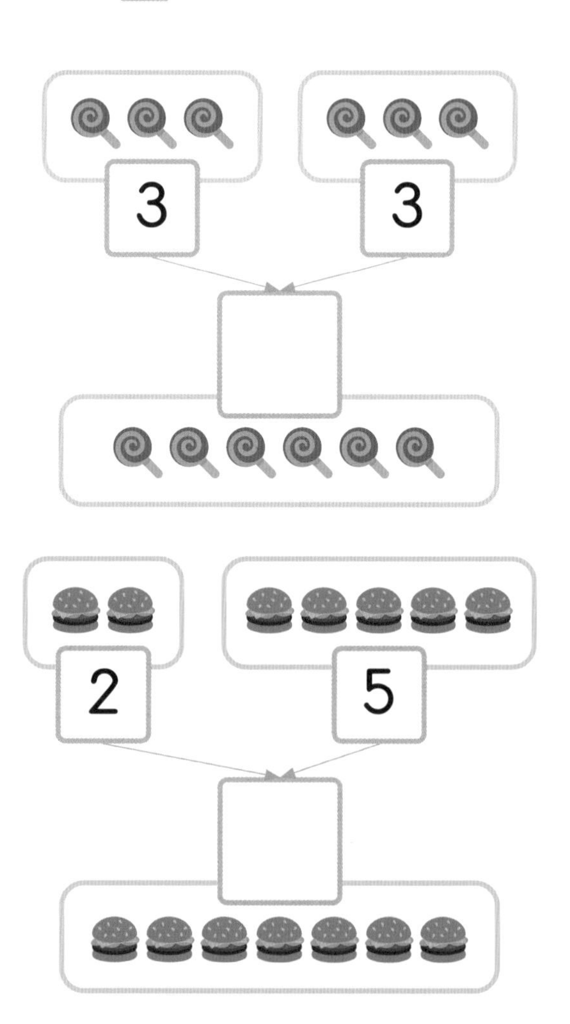

수를 모아 □ 안에 써넣어 보세요.

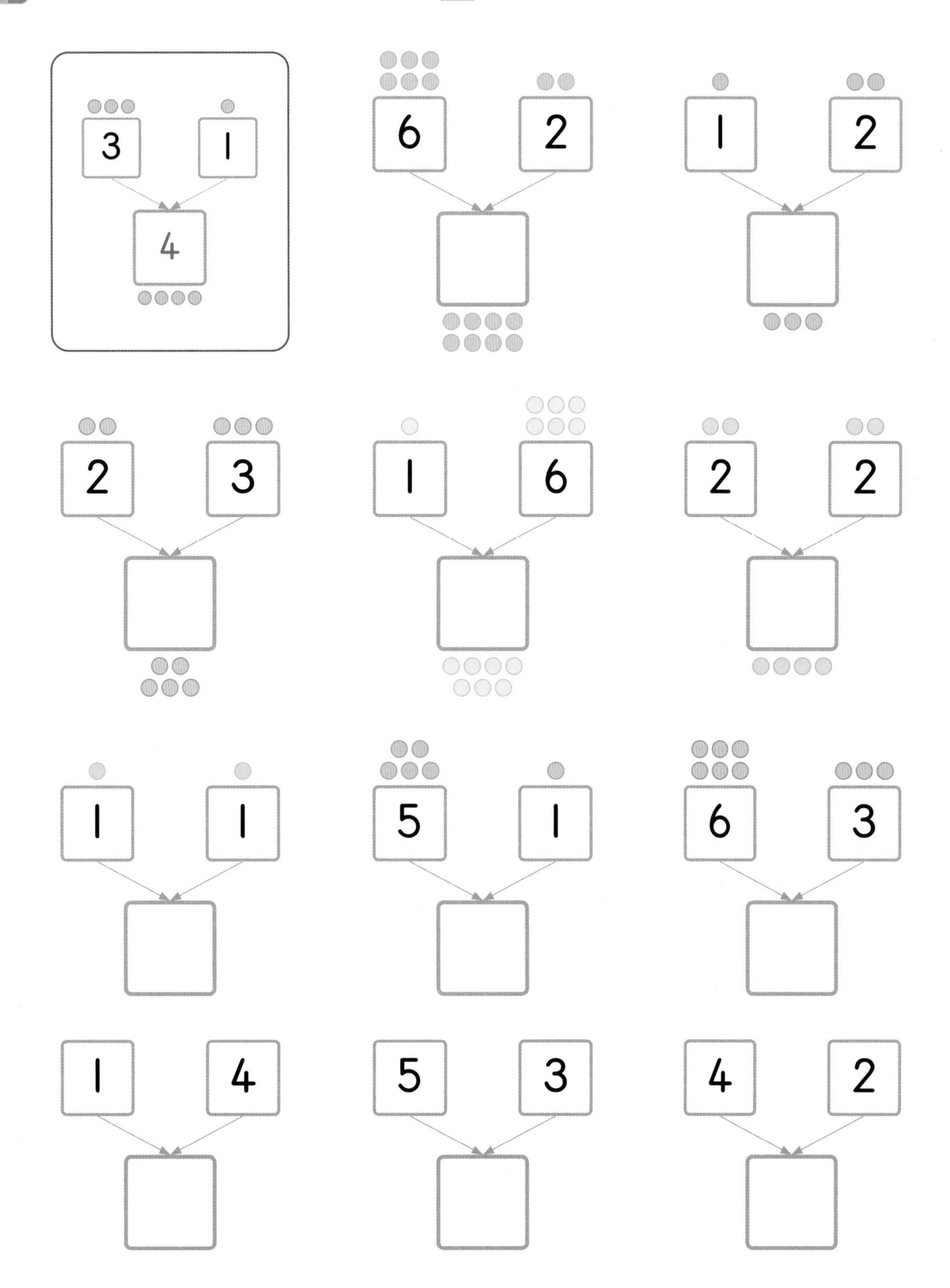

3 일차 같은 수 모으기

원리 같은 두 수를 모은 수를 알아보아요.

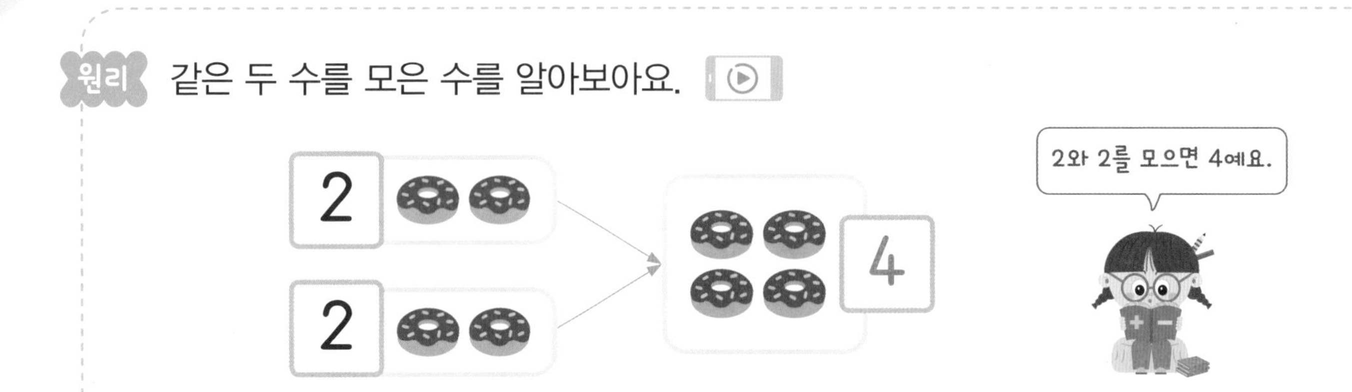

같은 수를 모아 ☐ 안에 써넣어 보세요.

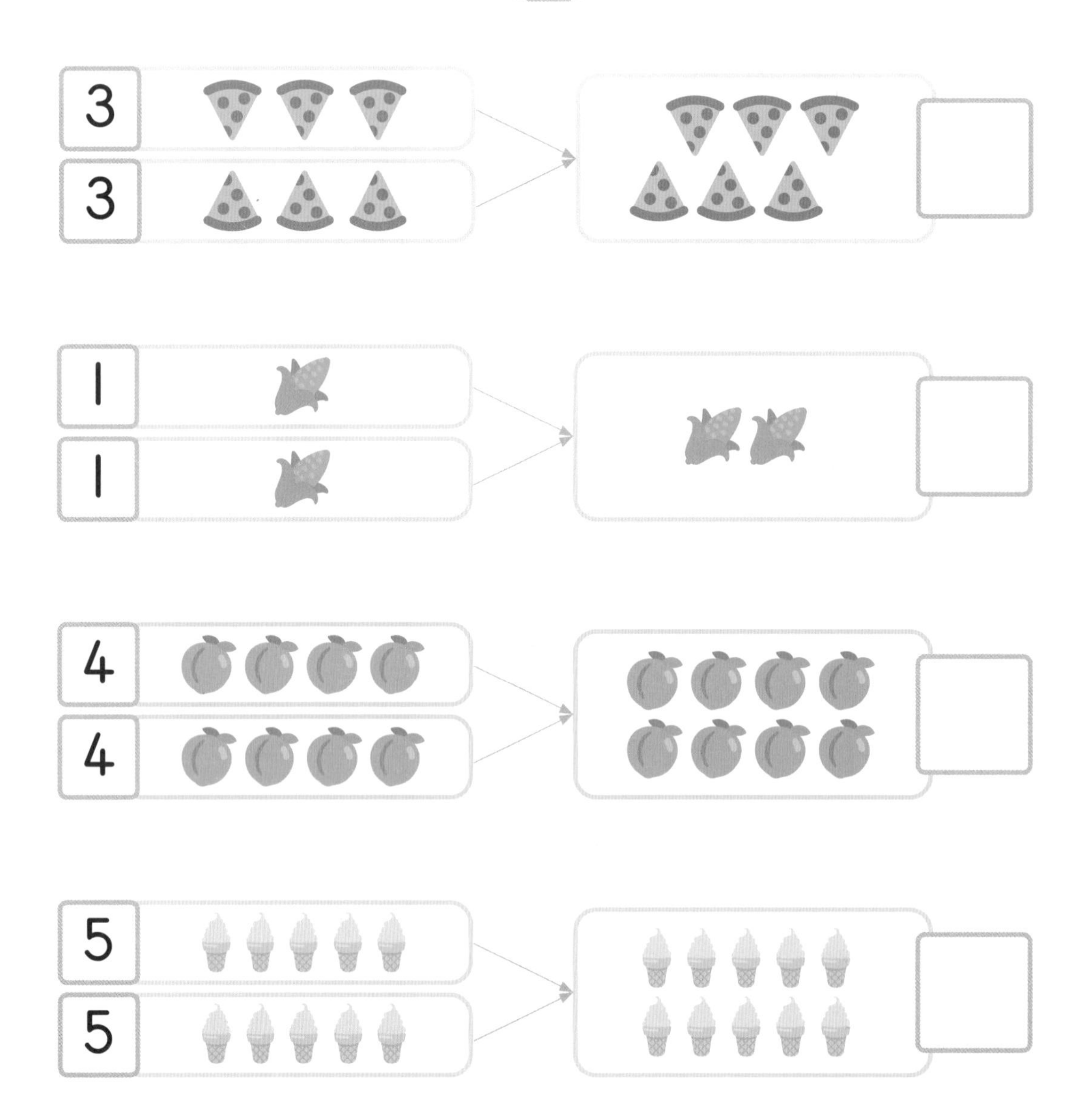

□ 안에 알맞은 수를 써넣어 보세요.

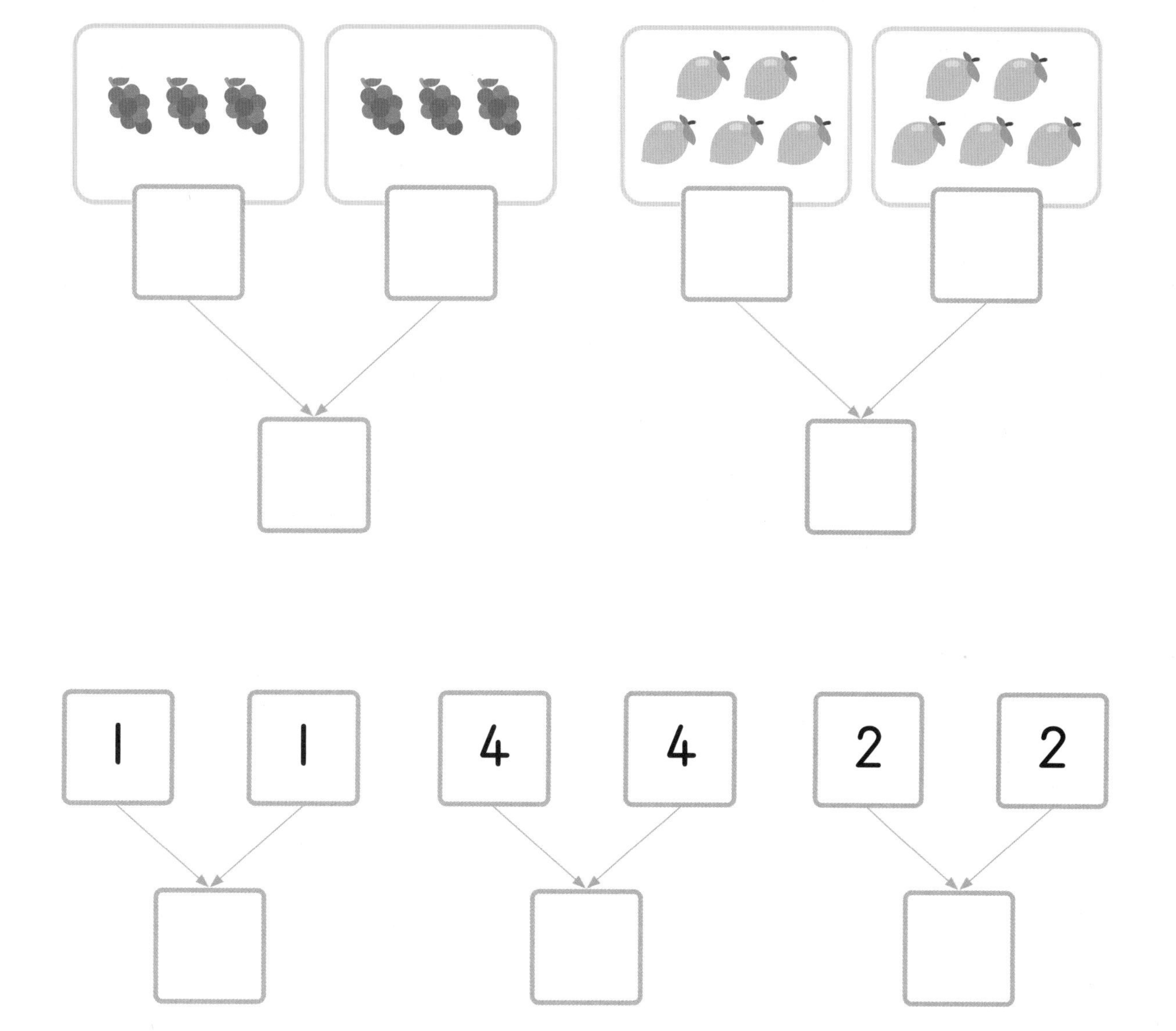

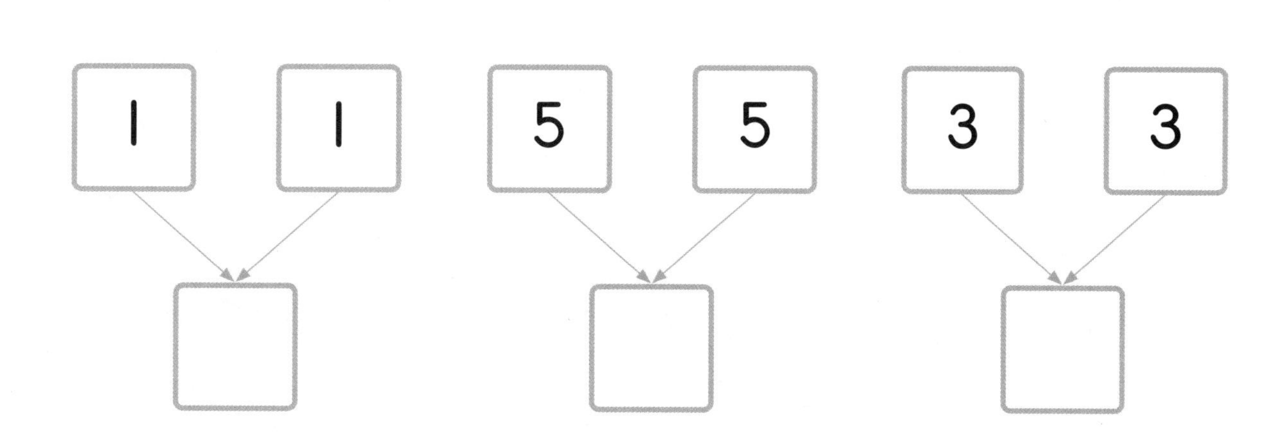

퍼즐 연산(1)

 모양의 전체 개수를 보고 □ 안에 알맞은 수를 써넣어 보세요. 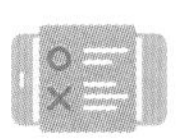 문제해결

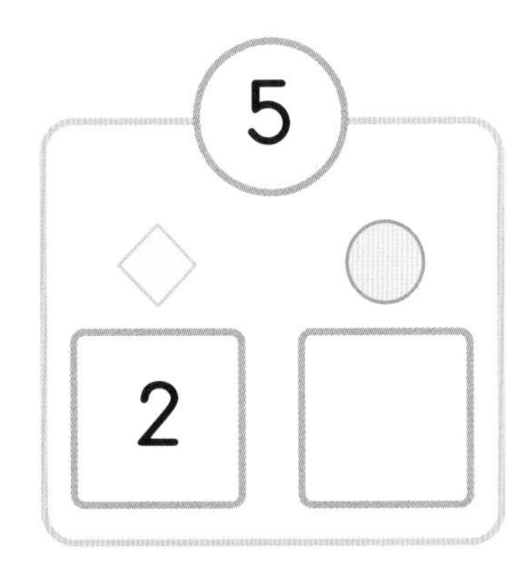

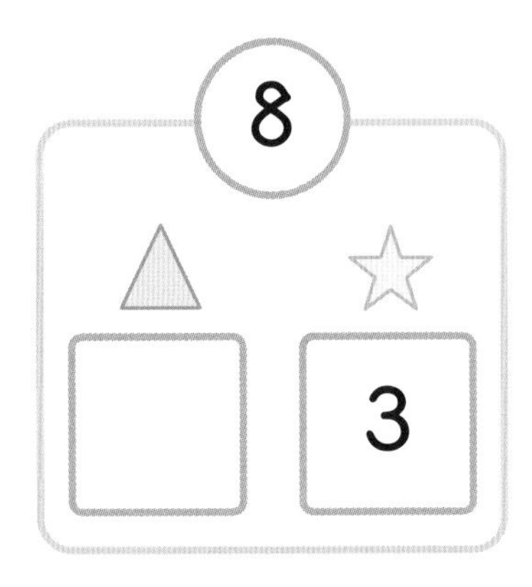

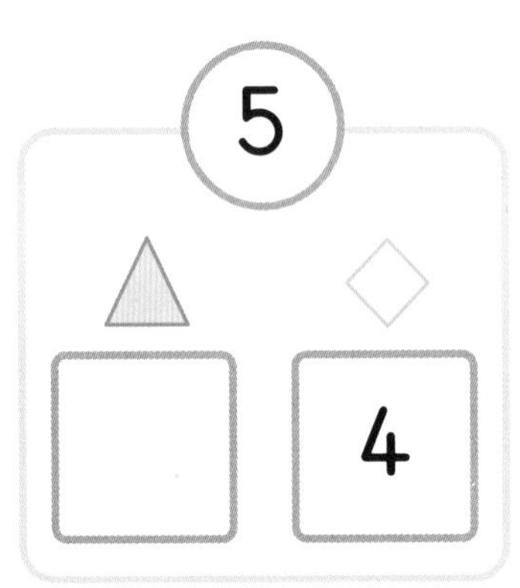

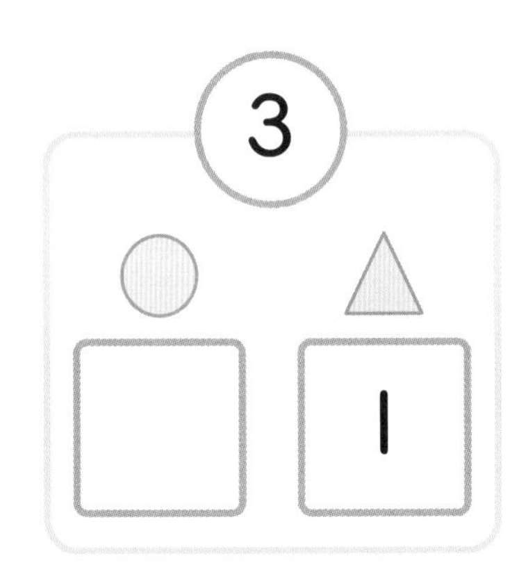

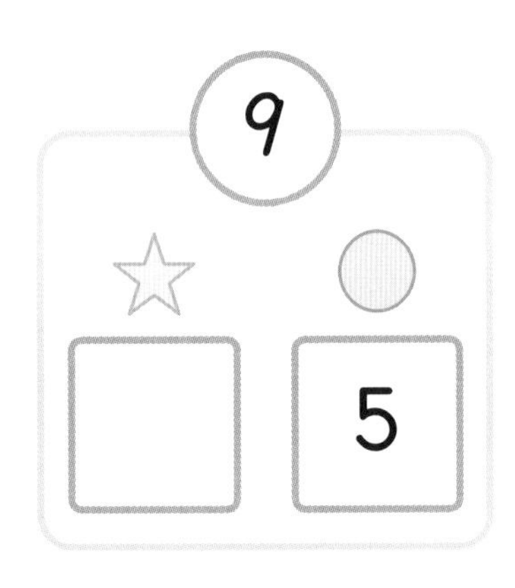

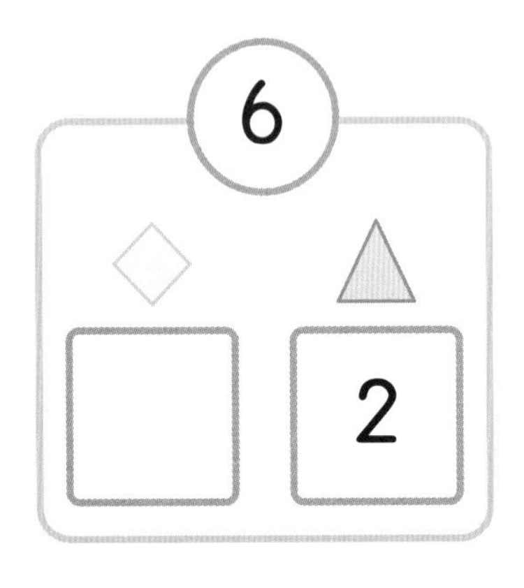

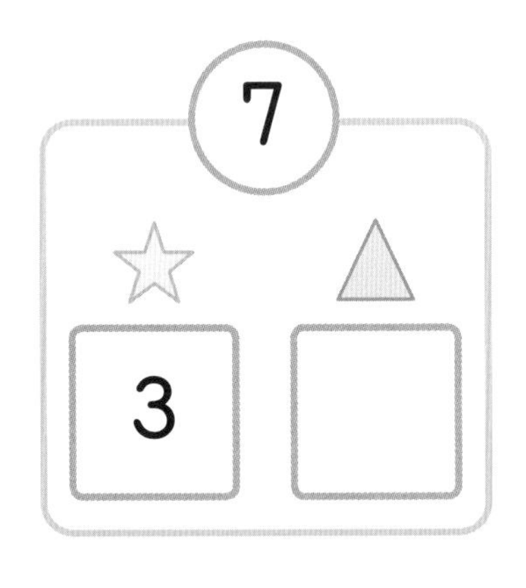

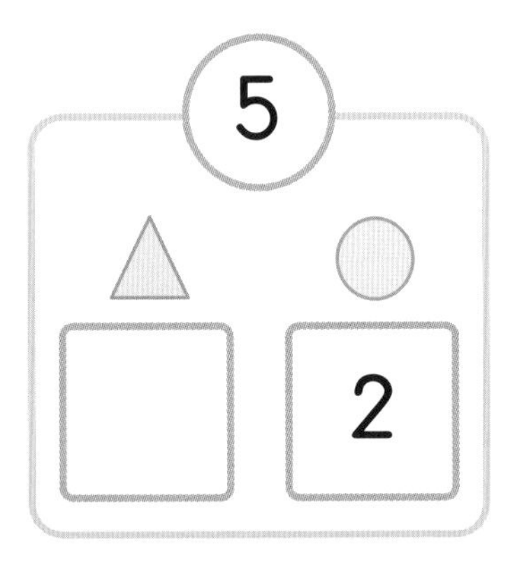

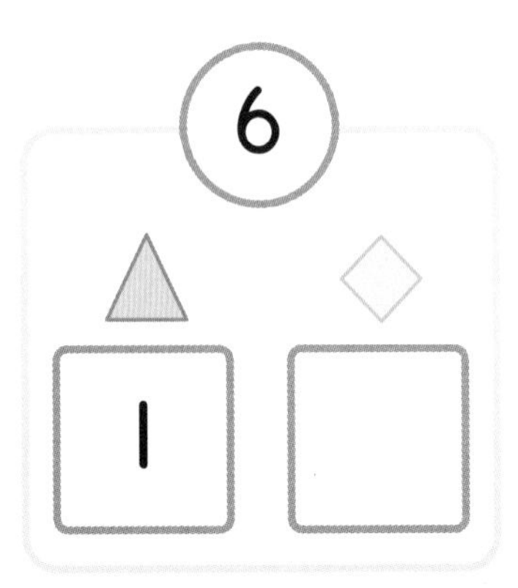

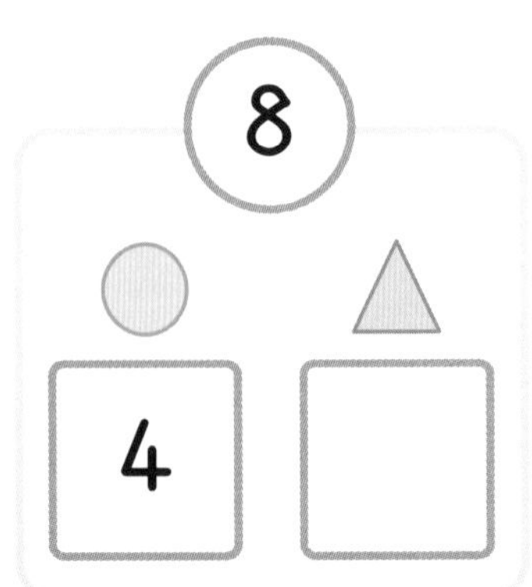

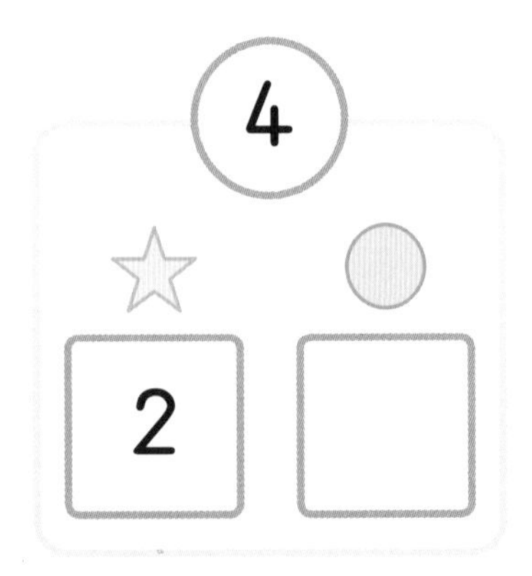

월 일

강아지가 뼈다귀 몇 개를 가져 갔어요. 처음에 있던 뼈다귀는 모두 몇 개인지 □ 안에 써넣어 보세요.

추론 창의·융합

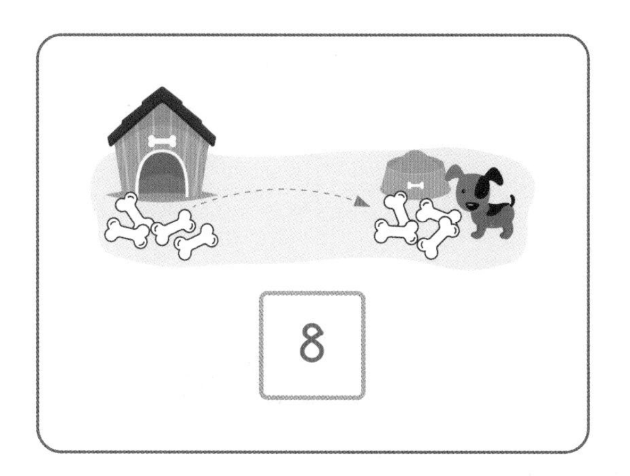

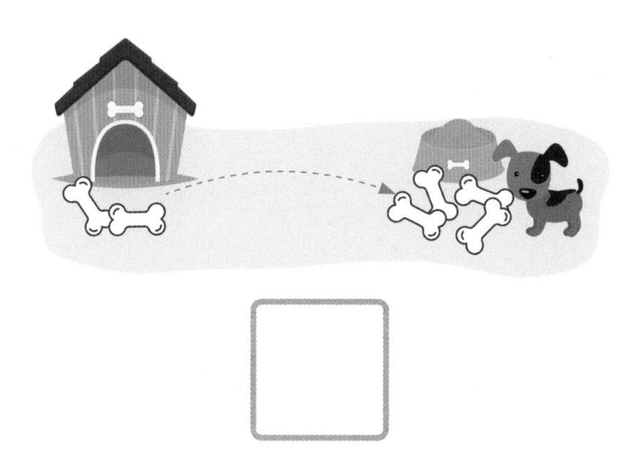

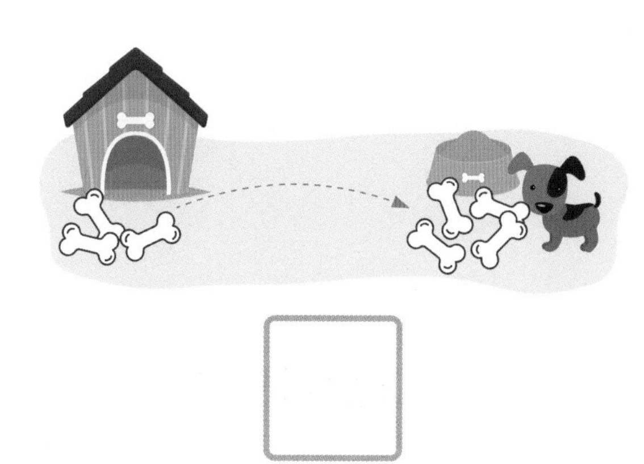

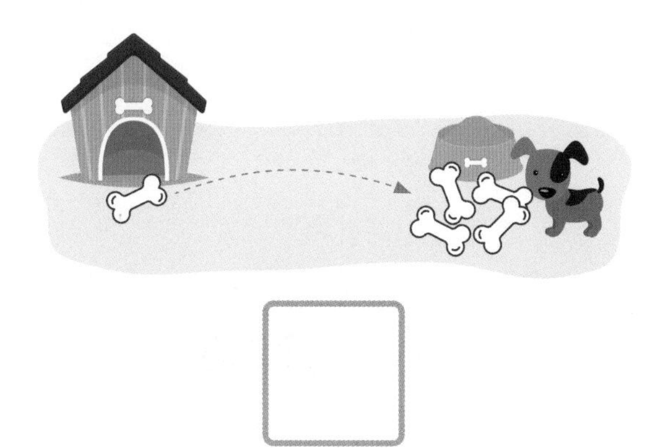

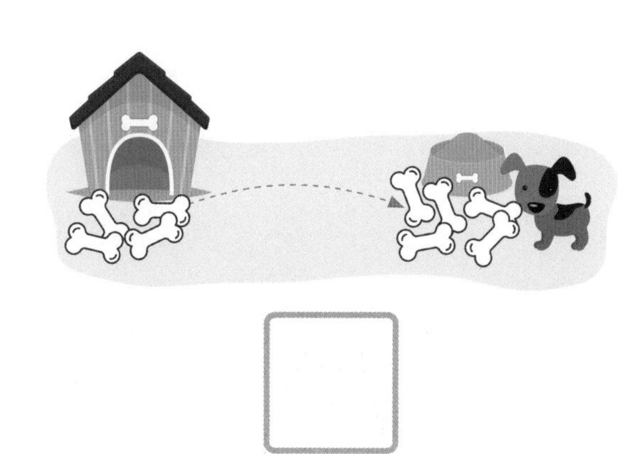

퍼즐 연산(2)

가지고 있던 사탕을 친구에게 나누어 주고 몇 개가 남았어요. 처음에 있던 사탕의 수를 □ 안에 써넣어 보세요.

추론 창의·융합

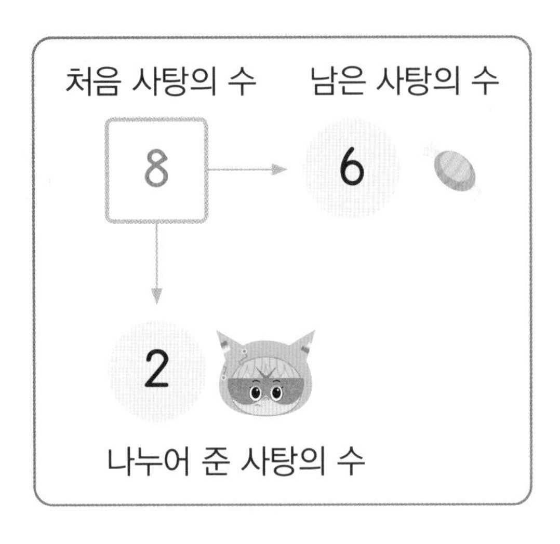

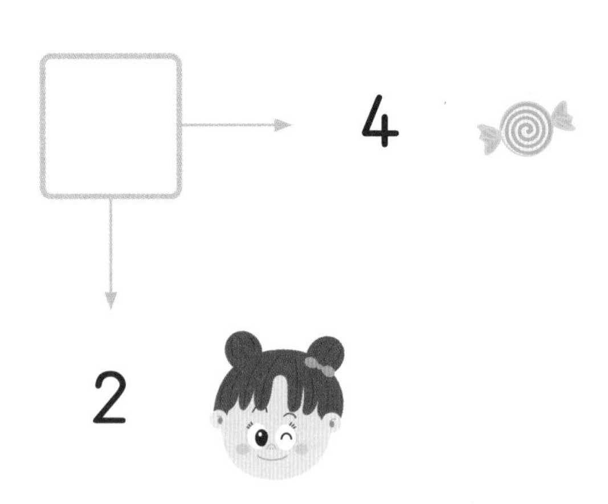

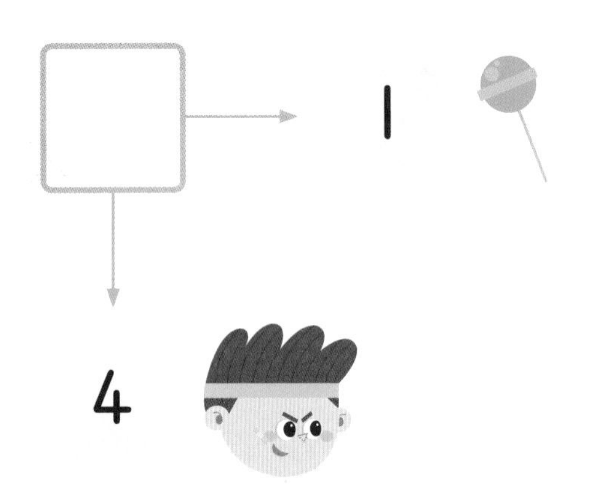

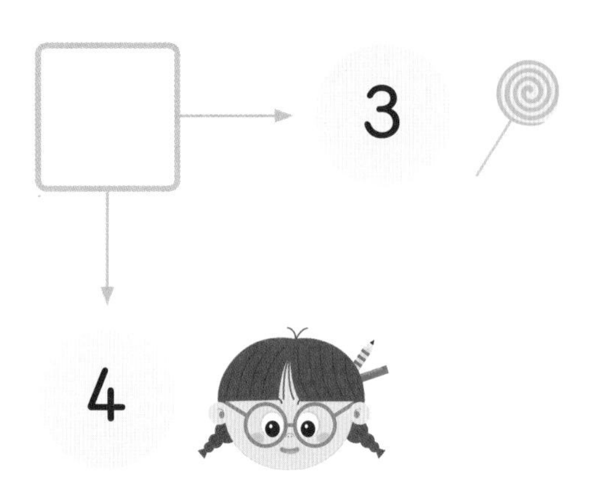

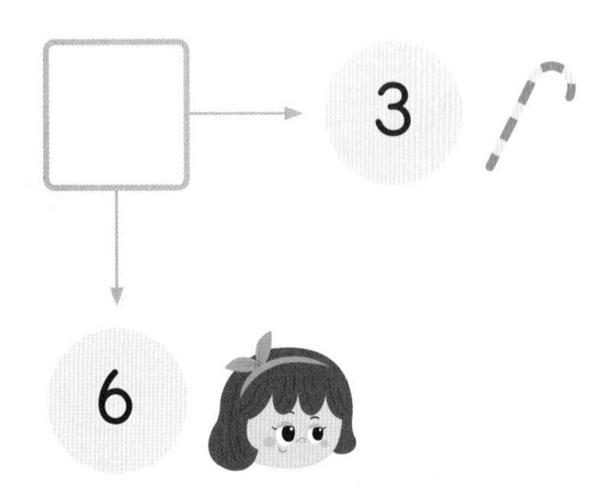

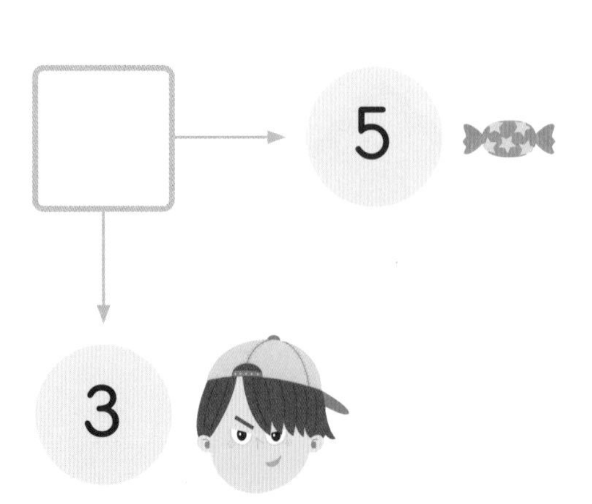

모으기 하여 □ 안에 알맞은 수를 써넣어 보세요.

추론 정보처리

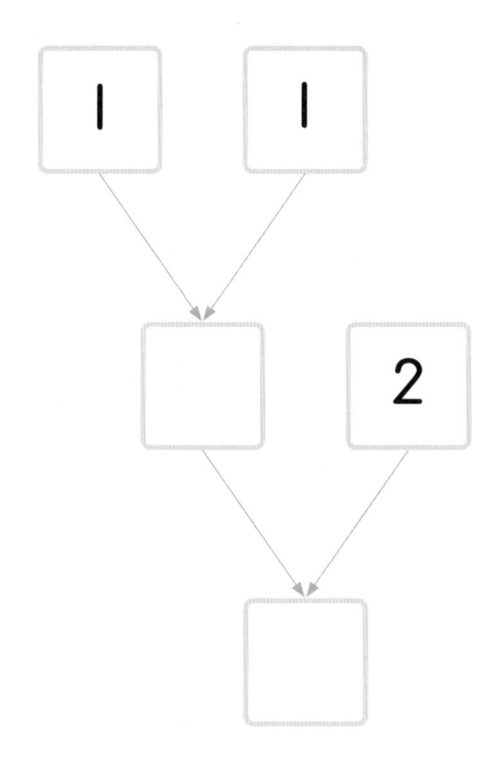

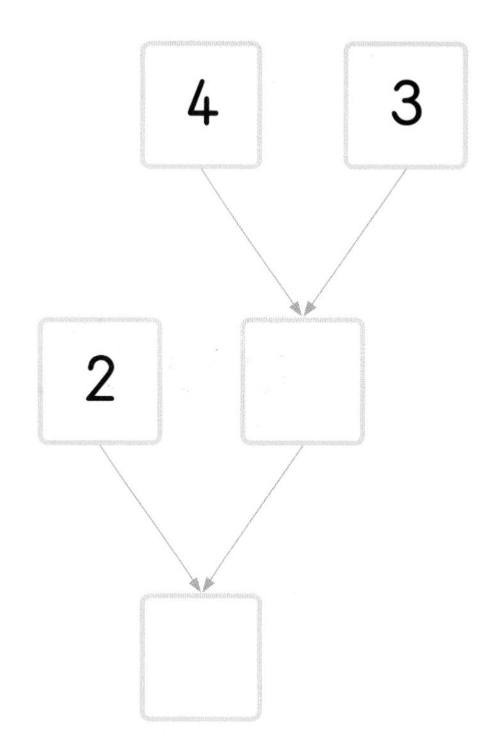

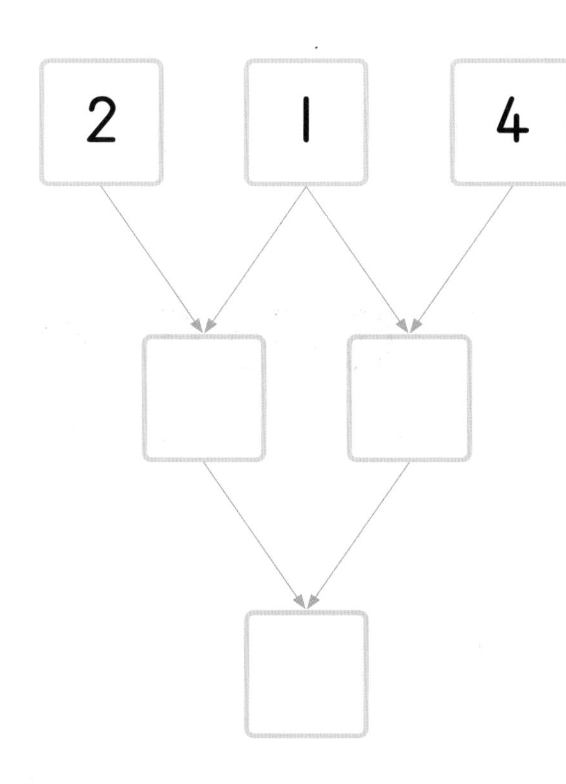

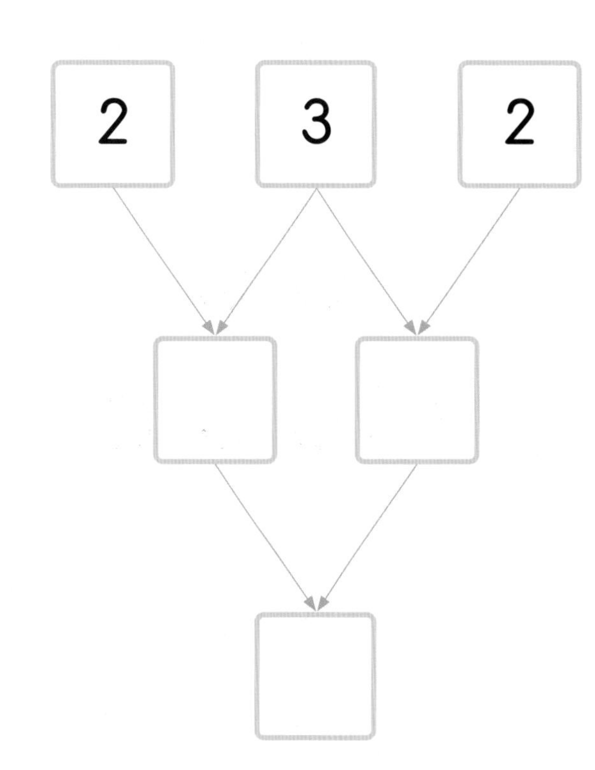

두발자전거가 있는 곳에 몇 대가 더 들어왔어요. 바퀴의 수를 세어 □ 안에 써넣어 보세요.

추론 문제해결

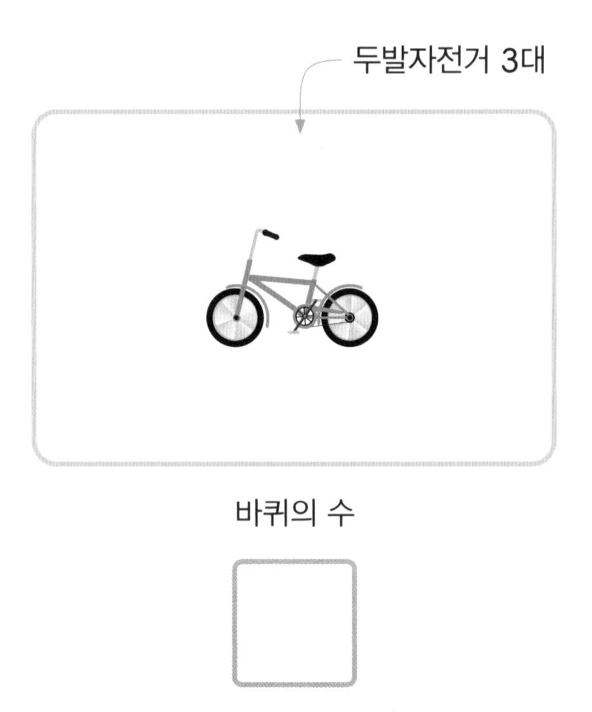

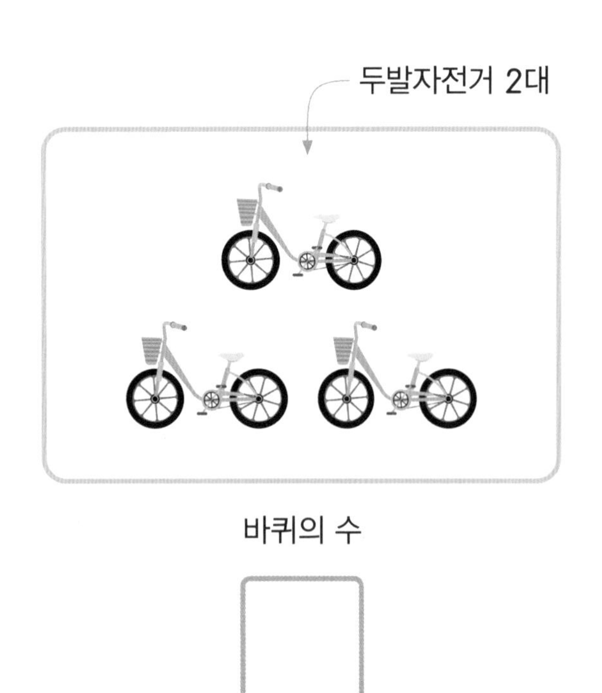

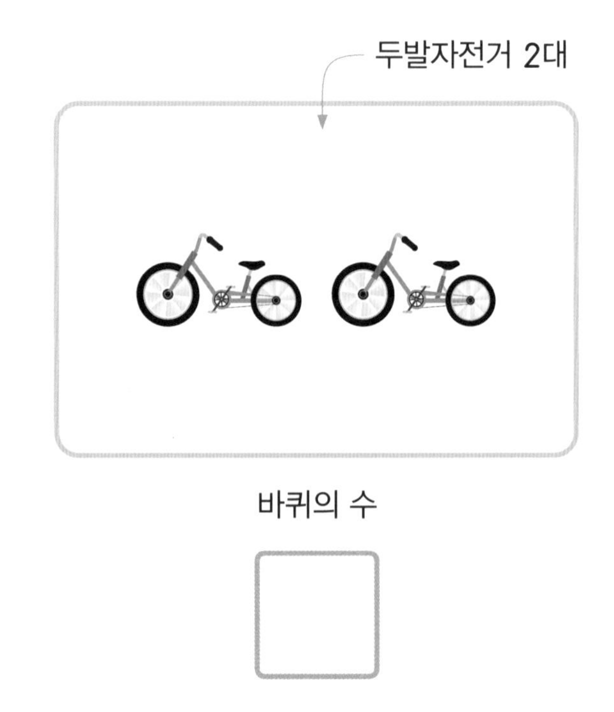

4 주차 더 큰 수

4주차에서는 구체물을 직접 세어 차이를 비교하거나 수의 순서를 통해 더 큰 수를 구하여 수의 양적 개념을 이해합니다. 또한 많고 적음을 수로 표현하고 비교하는 연습을 합니다.

양의 비교

개수가 더 많은 것을 더 큰 수로 나타낼 수 있어요.

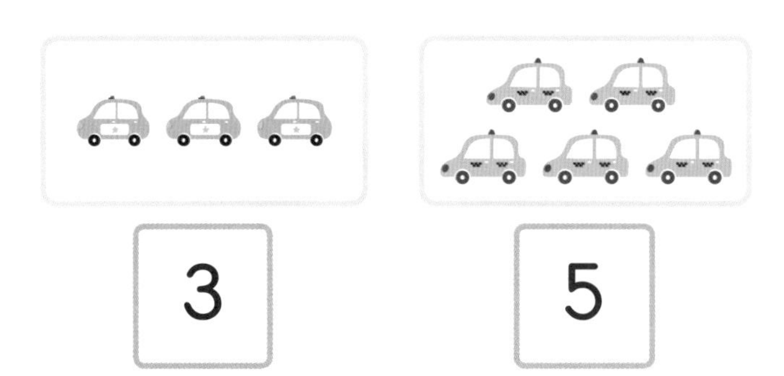

3 5

노란색 자동차가 더 많으므로 더 큰 수로 나타낼 수 있어요.

'많다'의 반댓말은 '적다'이고, '크다'의 반댓말은 '작다'임을 알게 해 주세요.

자동차의 수를 세어 보고, 더 큰 수로 나타낼 수 있는 것에 ○ 해 보세요.

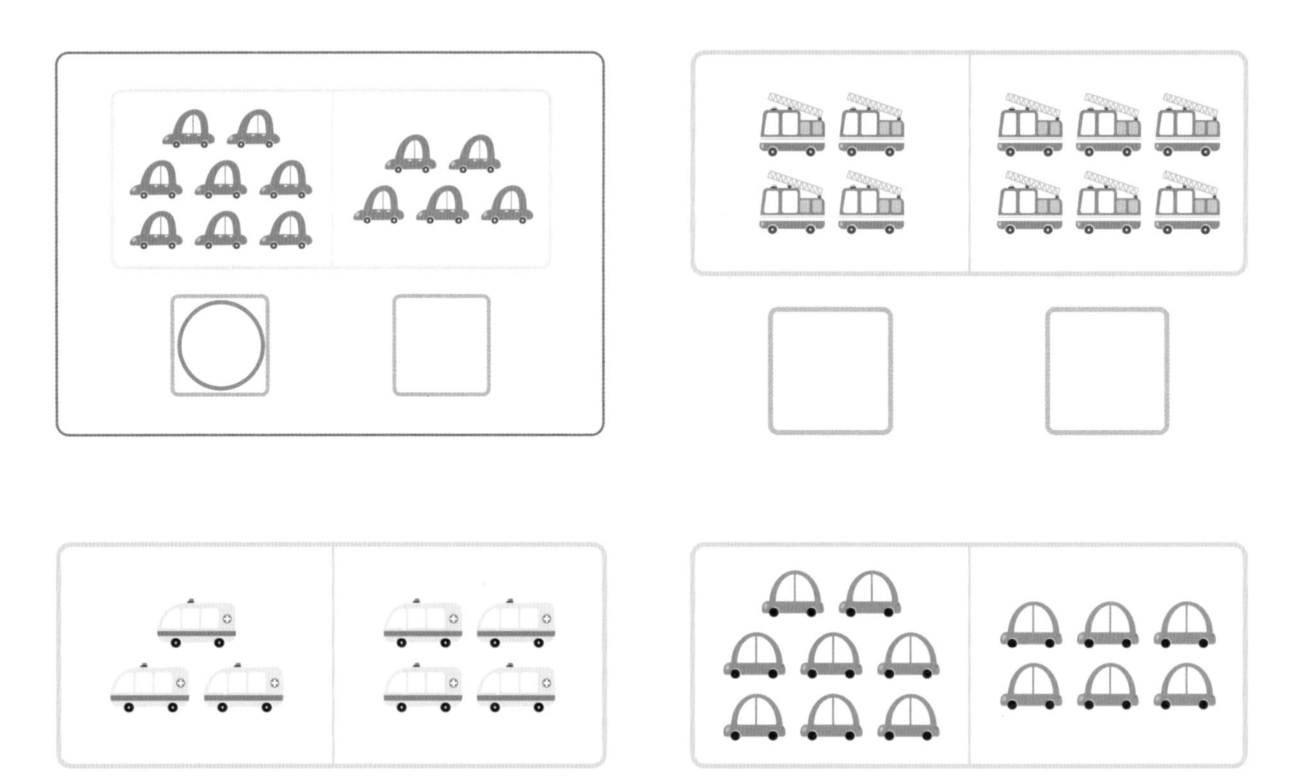

 모양이 많을수록 더 무거워요. 더 무거운 것에 ◯ 해 보세요. 

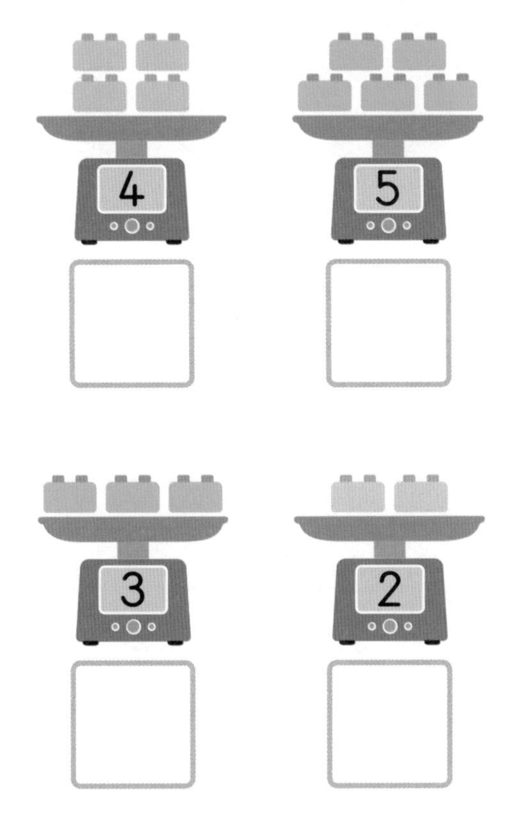

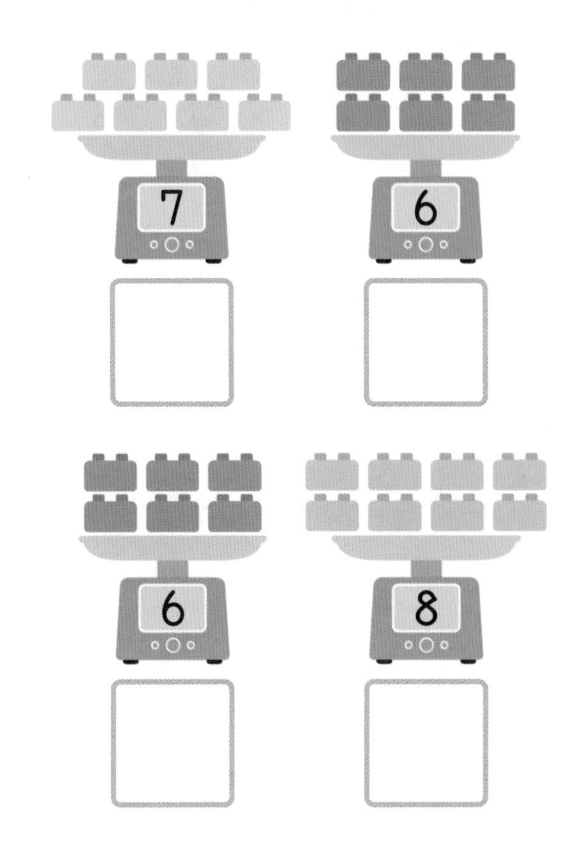

 컵의 물이 더 많은 것에 ◯ 해 보세요. 

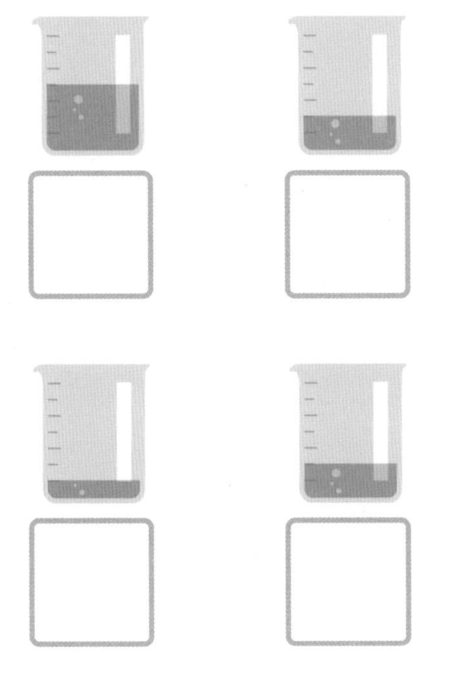

2 일차

두 수의 비교

원리 수를 순서대로 놓았을 때, 뒤에 있는 수를 앞에 있는 수보다 큰 수라고 해요.

1 2 3 4 5 6 7 8 9

작은 수 ← → 큰 수

수의 순서를 거꾸로 놓으면 앞에 있는 수가 뒤에 있는 수보다 큰 수가 돼요.

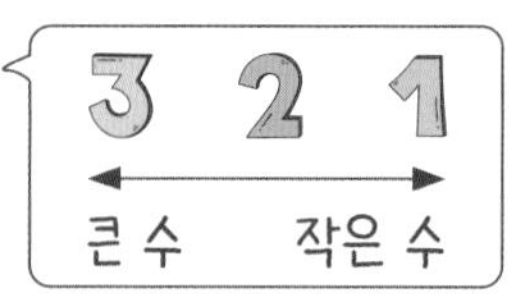

수의 순서를 보고, 더 큰 수에 ◯ 해 보세요.

1	2	3	4	5	6	7	8	9	10

3	(4)

7	6

8	9

3	1

2	5

6	5

9	10

2	1

5	8

9	5

7	2

2	4

주어진 수보다 더 큰 수에 ◯ 해 보세요. 

3		
1	(5)	2

5		
7	4	3

8		
6	7	9

3		
2	7	1

4		
6	3	1

5		
4	2	8

7		
4	6	9

6		
3	8	4

9		
10	7	5

6		
4	9	5

8		
7	6	10

3		
2	1	6

가장 큰 수

원리 수를 순서대로 놓았을 때, 마지막에 있는 수가 가장 큰 수가 돼요.

1, 2, 3, 4 중에서 가장 큰 수는 4예요.

수를 순서대로 쓰고, 그중에서 가장 큰 수를 써넣어 보세요.

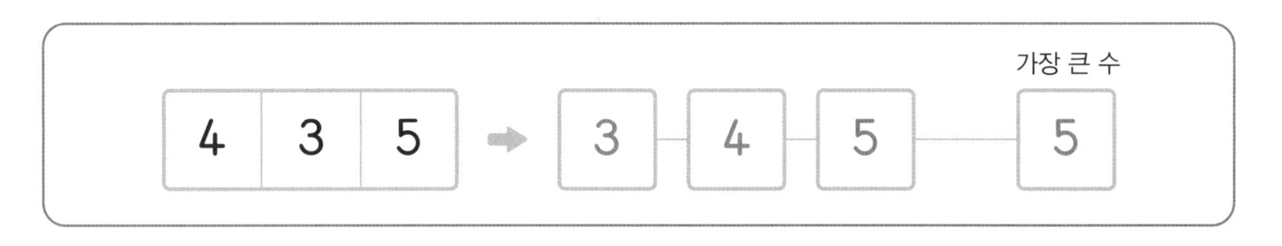

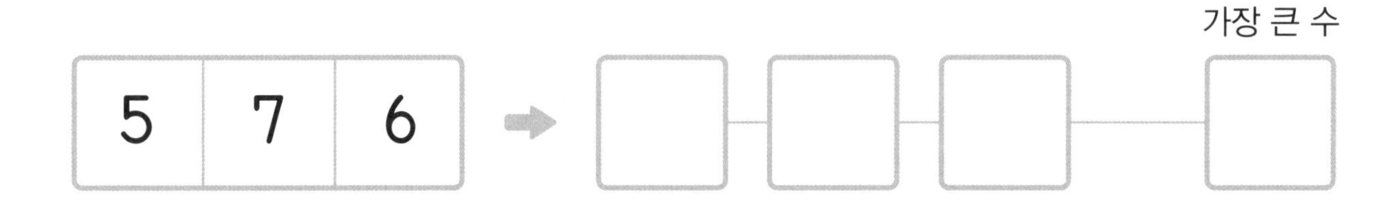

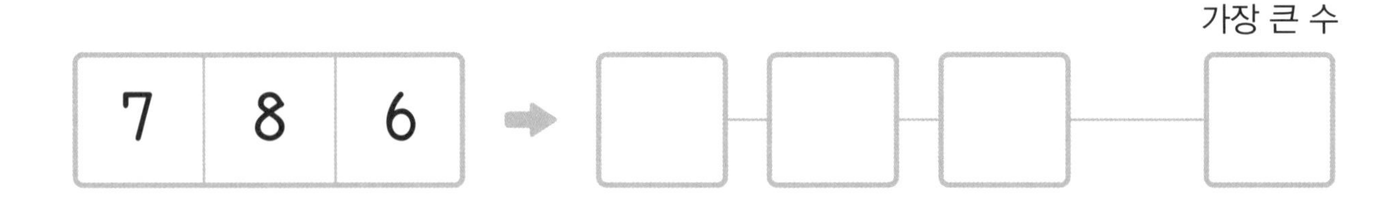

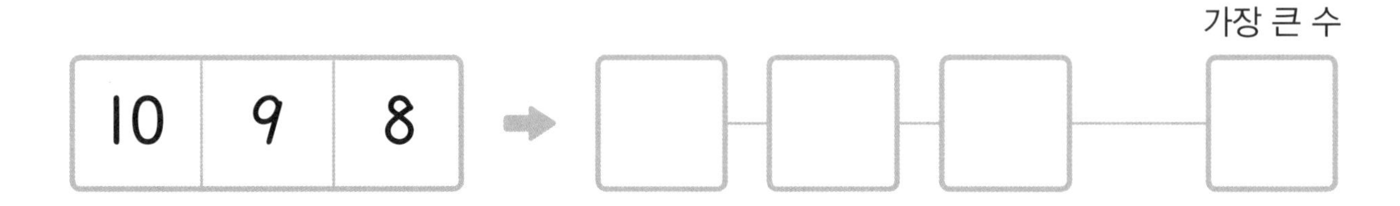

 가장 큰 수에 ○해 보세요. 

5	(6)	3

7	4	8

4	1	2

2	7	5

3	6	4

6	3	9

5	2	10

8	2	4

3	6	5

1	4	2

3	7	4

8	6	5

9	2	5

3	2	7

2	1	4

4	5	1

9	5	4

4	8	5

퍼즐 연산(1)

숫자가 적힌 공을 여러 개 넣으면 가장 큰 수의 공이 나오는 상자가 있어요.
◯ 안에 알맞은 수를 써넣어 보세요. 

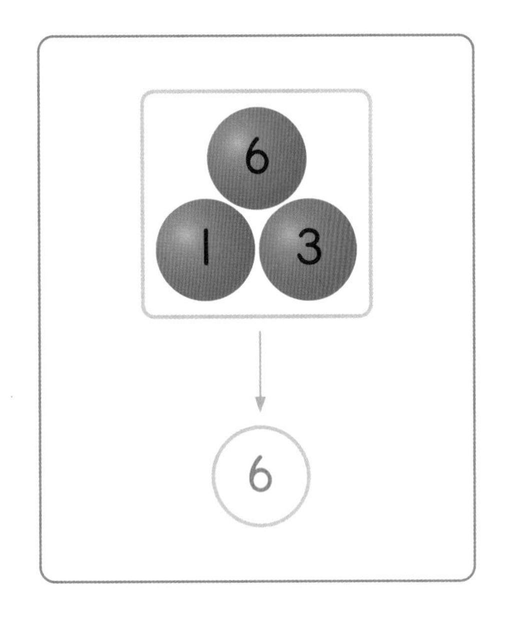

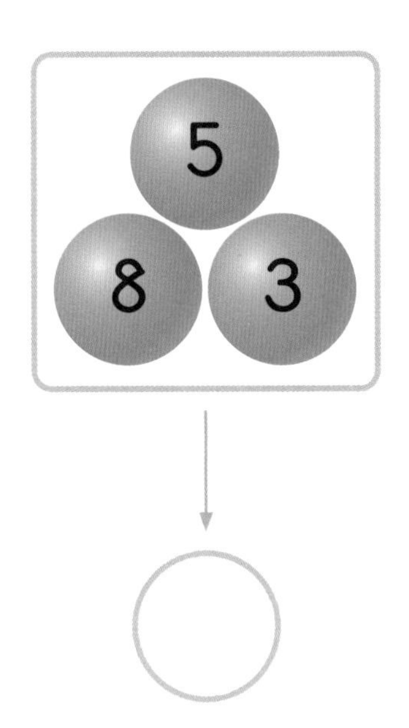

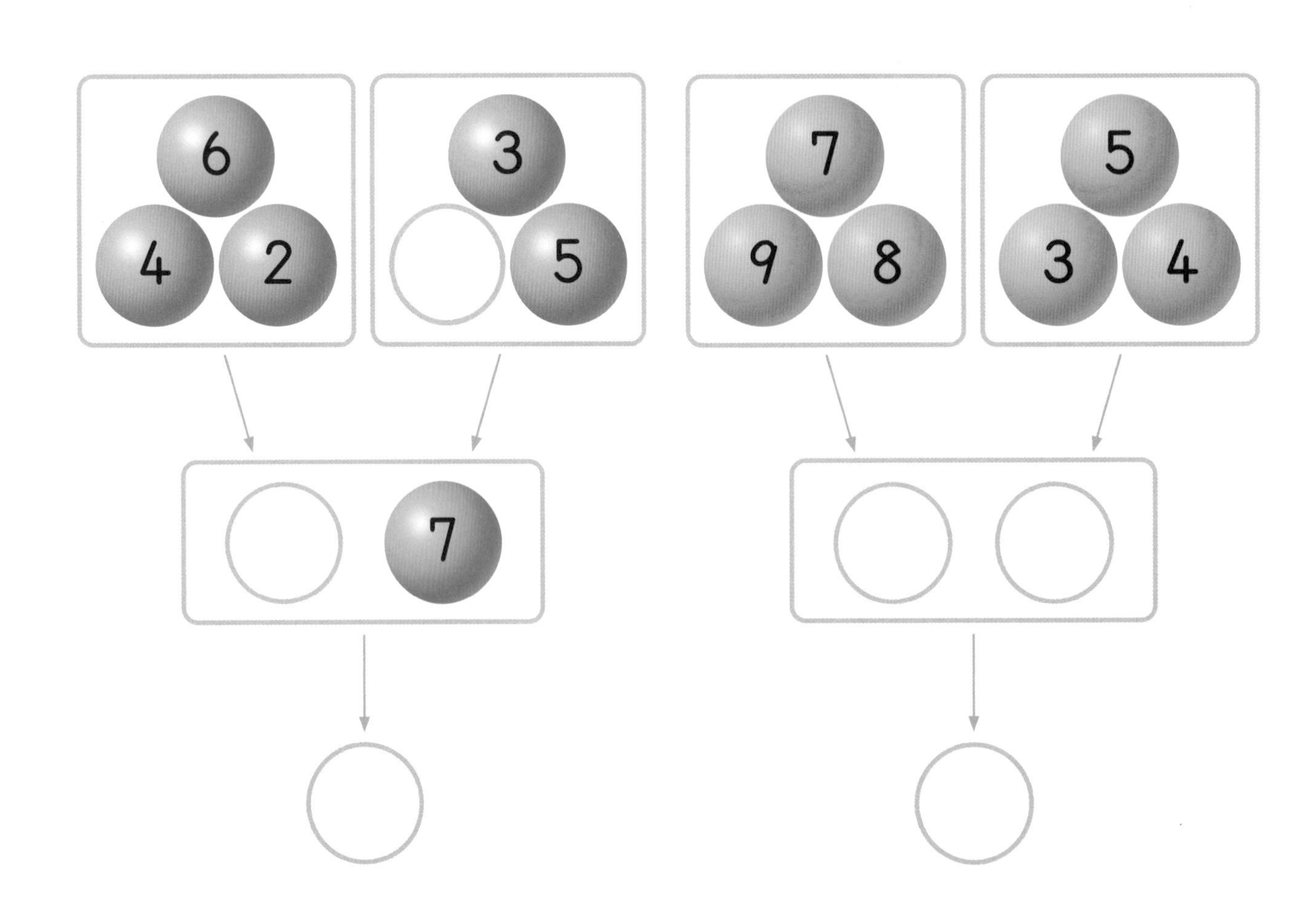

더 큰 수 카드를 뽑은 동물에게 뽑은 수에 더하기 3을 한 수를 ☐ 안에 써넣어 보세요.

추론

퍼즐 연산(2)

더 큰 수를 따라가면 케이크를 먹을 수 있어요. 알맞게 선을 그어 보세요.

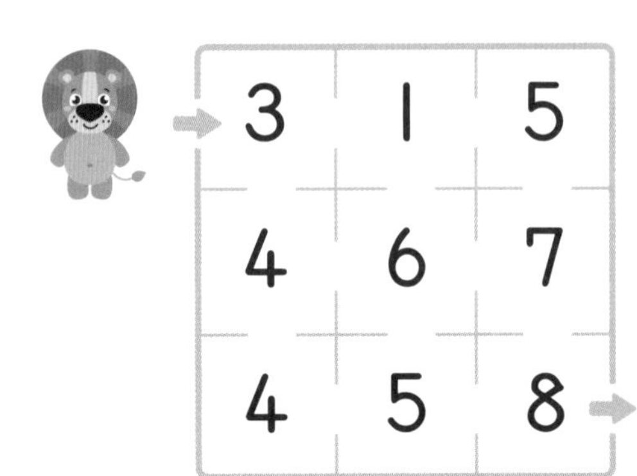

3	1	5
4	6	7
4	5	8

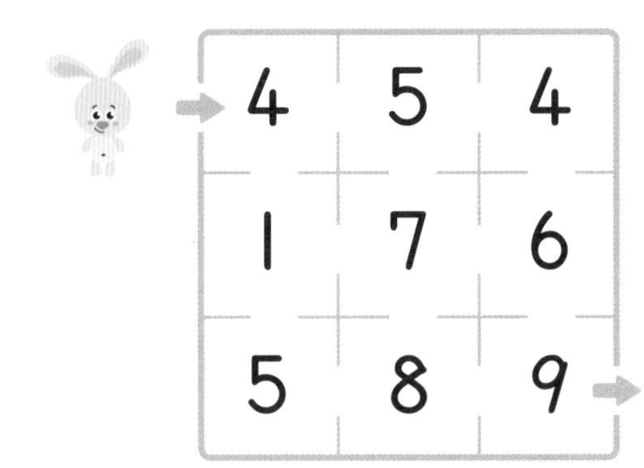

4	5	4
1	7	6
5	8	9

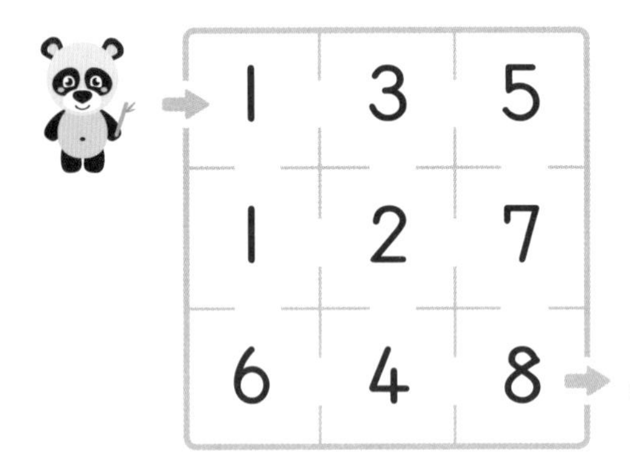

1	3	5
1	2	7
6	4	8

2	1	7
4	3	5
6	8	9

2	3	1	4
1	4	2	7
4	5	7	6
8	3	8	9

2	1	7	9
4	3	5	6
5	6	7	8
3	5	6	9

9개의 블록 중에서 몇 개를 저울에 나누어 담았더니 무거운 쪽으로 기울었어요. □ 안에 알맞은 블록의 수를 써넣어 보세요. 9개를 모두 사용하지 않아도 돼요.

추론 문제해결 정보처리

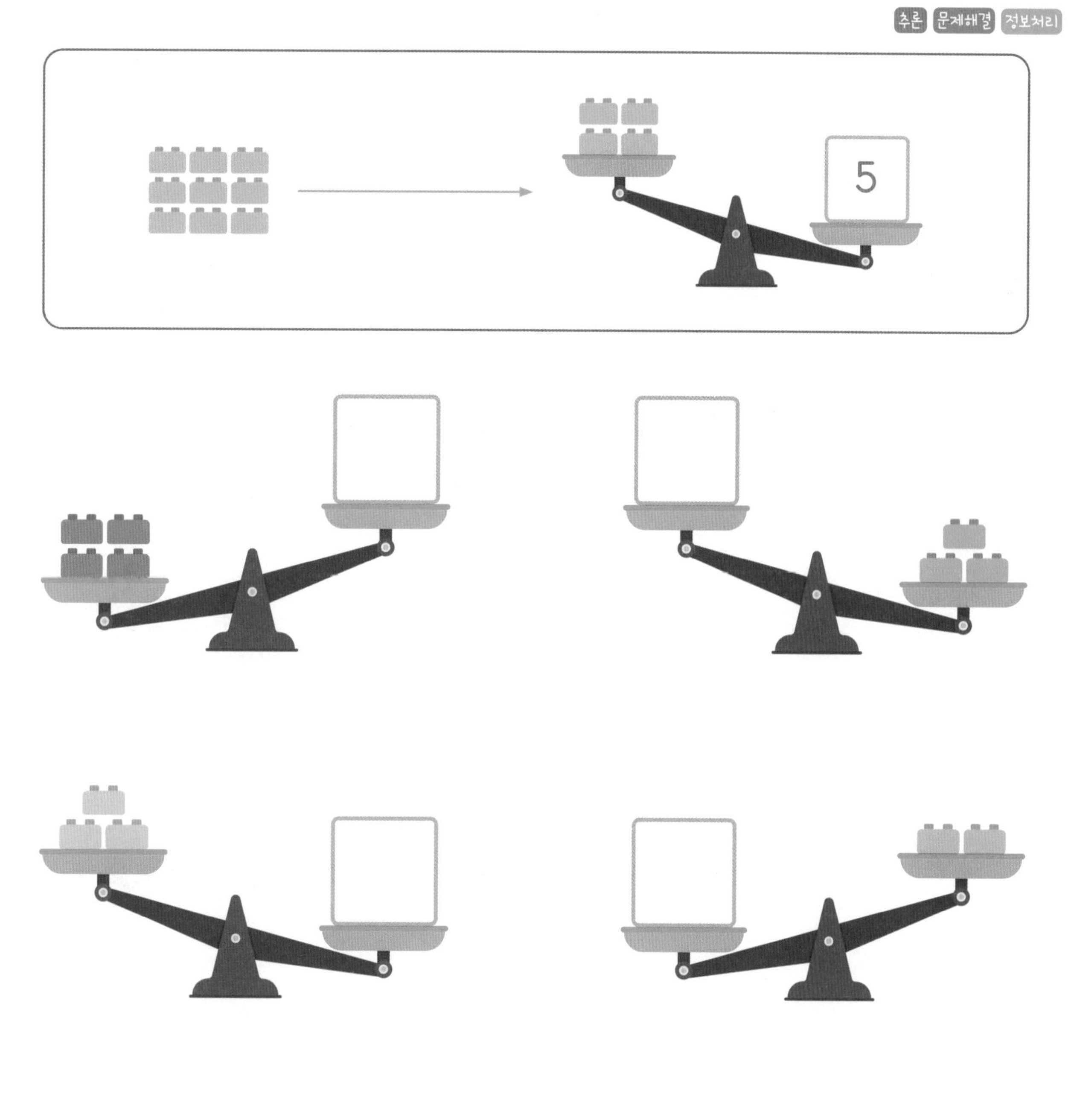

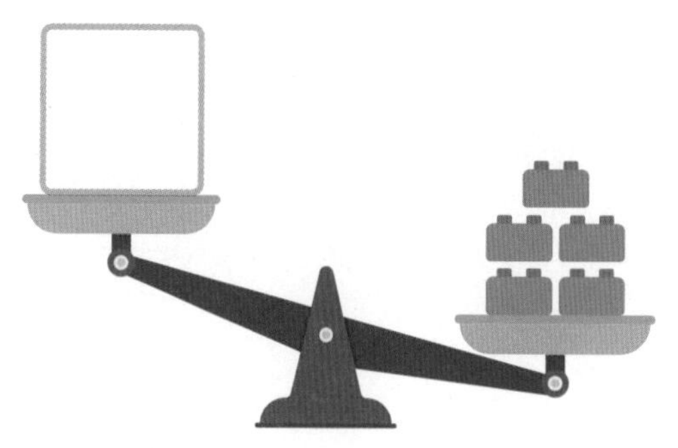

갈림길에 있는 세 수 중에서 가장 큰 수를 따라가도록 선을 그어 보세요. 추론 창의·융합

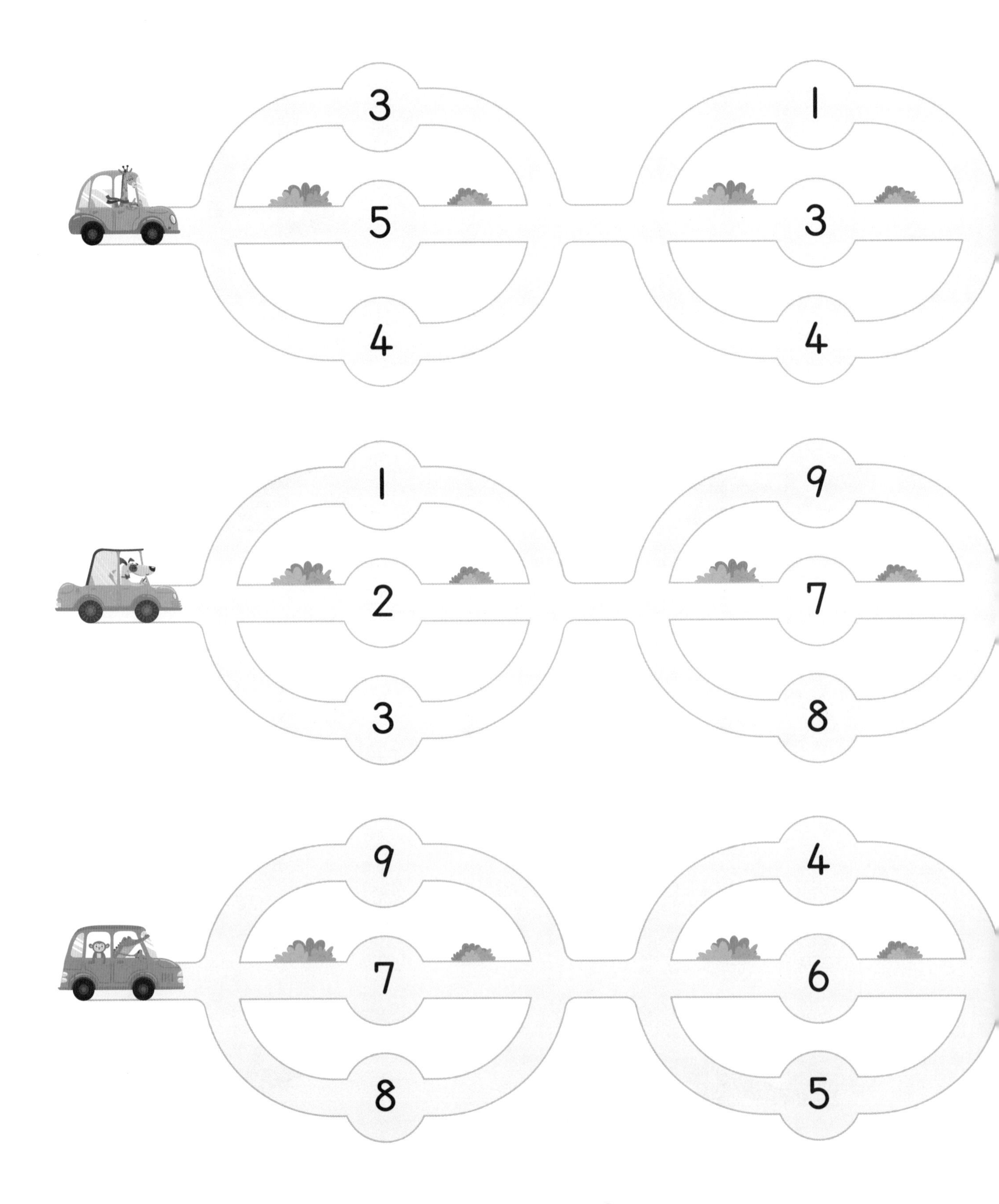

월 일

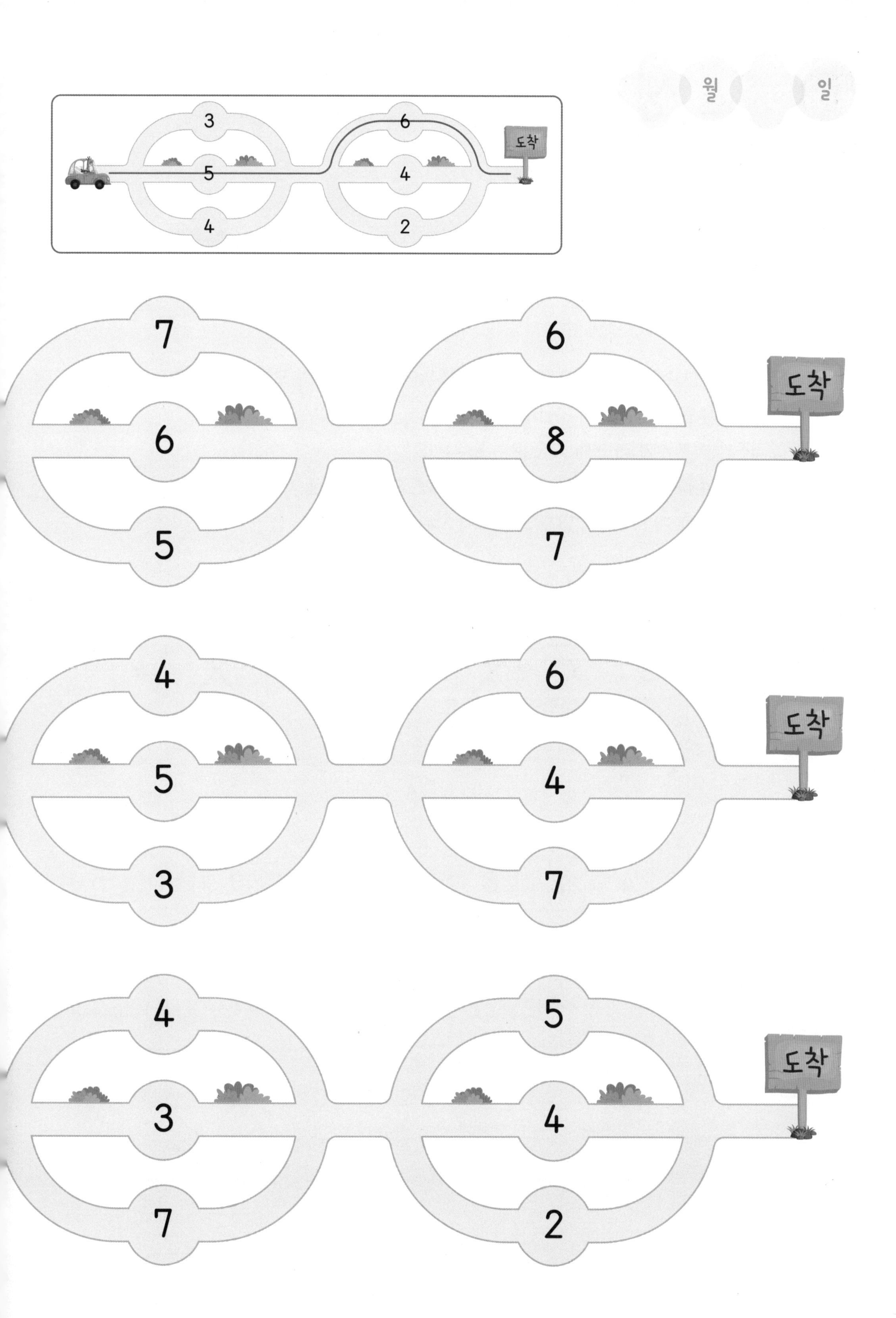

생각을 모아요! 퍼팩 사고력

규칙에 따라 수를 지울 때, 마지막에 남은 수를 모두 써넣어 보세요. 두 수가 남거나 하나만 남을 수 있어요.

추론 문제해결

(1) 주어진 수를 수의 순서대로 놓을 때 맨 앞에 오는 두 수를 모은 값을 구해요.

(2) 가장 큰 수와 (1)에서 구한 값을 비교해요.

(3) 가장 큰 수가 더 크면 가장 큰 수를 지워요.

(4) 두 수를 모은 수가 가장 큰 수보다 더 크면 모은 두 수를 지워요.

(5) 수가 두 개 또는 하나만 남을 때까지 지워요.

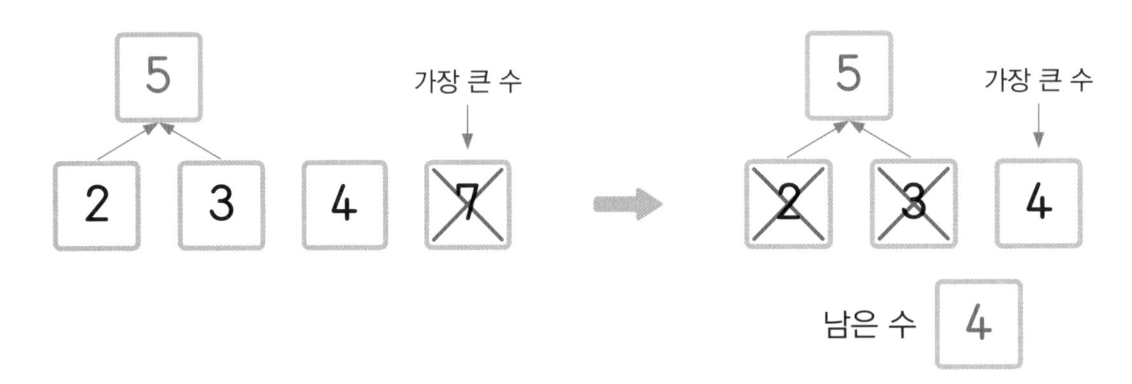

7 5 4 2 8

남은 수 ☐

6 4 9 3 5

남은 수 ☐ ☐

한 주 동안 배운 내용 한 번 더 연습!

집중! 드릴 연산

S2

S단계 2권

1주차 더하기 1

2주차 더하기 2, 더하기 3

3주차 10까지의 수 모으기

4주차 더 큰 수

1 주차 더하기 1

빈칸에 들어갈 알맞은 수에 ◯ 해 보세요.

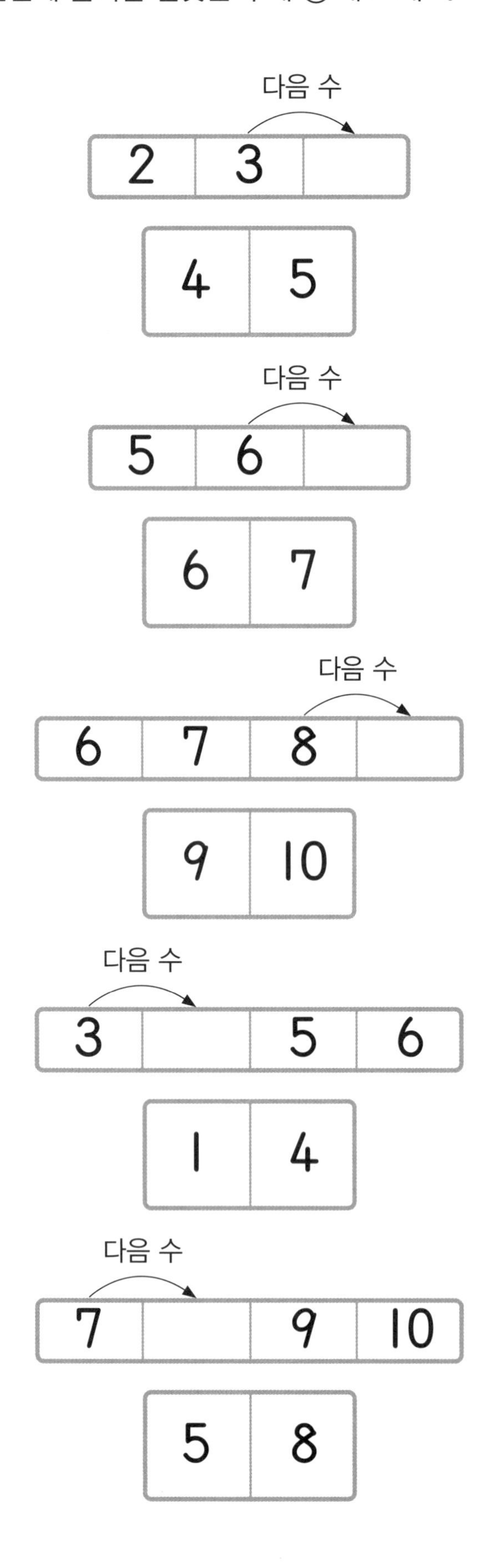

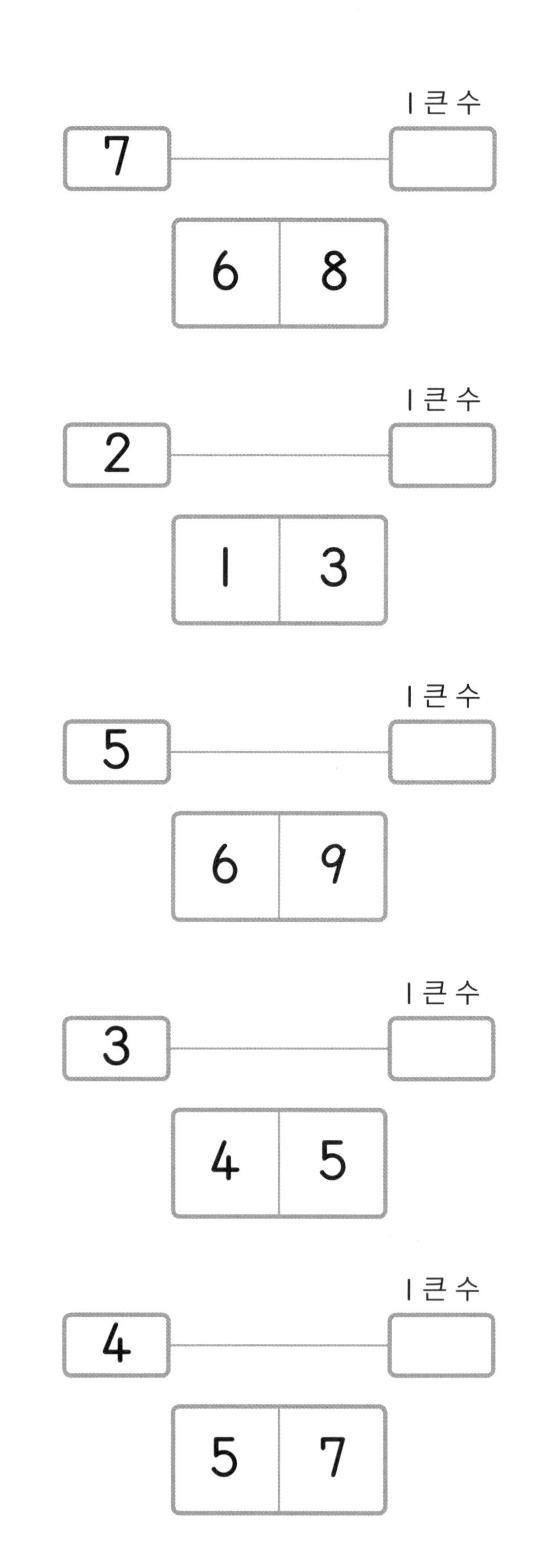

□ 안에 알맞은 수를 써넣어 보세요.

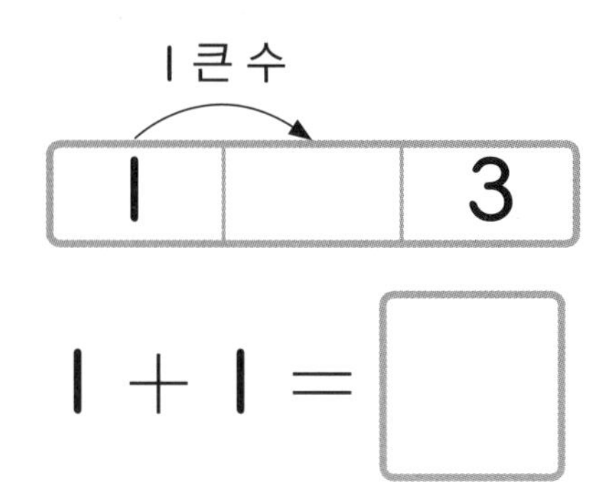

$1 + 1 = \square$

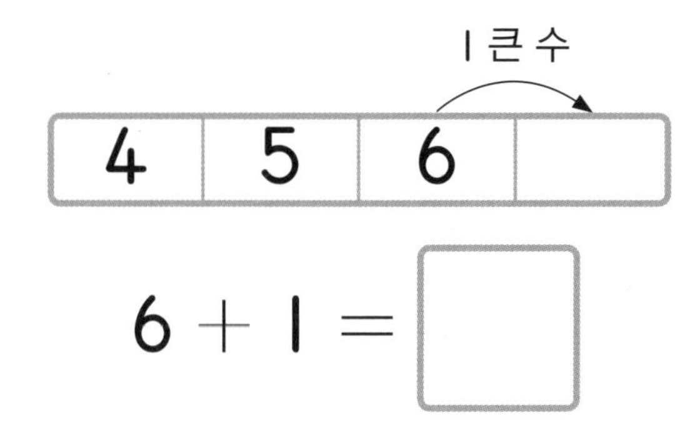

$6 + 1 = \square$

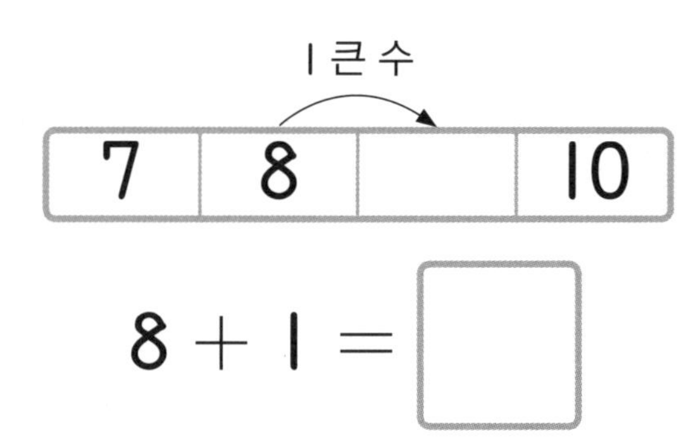

$8 + 1 = \square$

7		9	

$7 + 1 = \square$

$9 + 1 = \square$

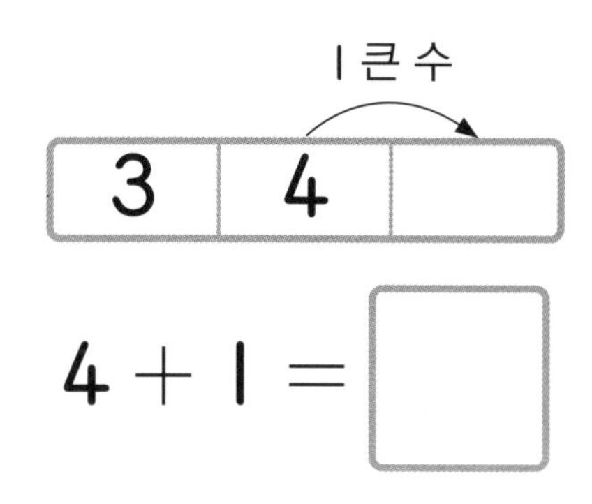

$4 + 1 = \square$

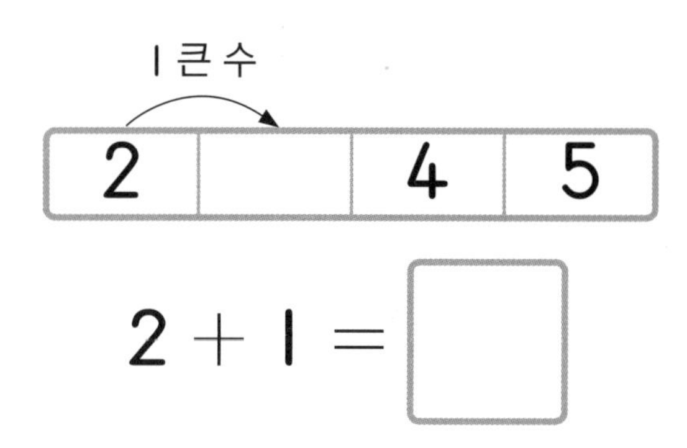

$2 + 1 = \square$

1 큰 수

6	7		9

$7 + 1 = \square$

3		5	

$3 + 1 = \square$

$5 + 1 = \square$

2 주차 더하기 2, 더하기 3

빈칸에 들어갈 알맞은 수에 ◯해 보세요.

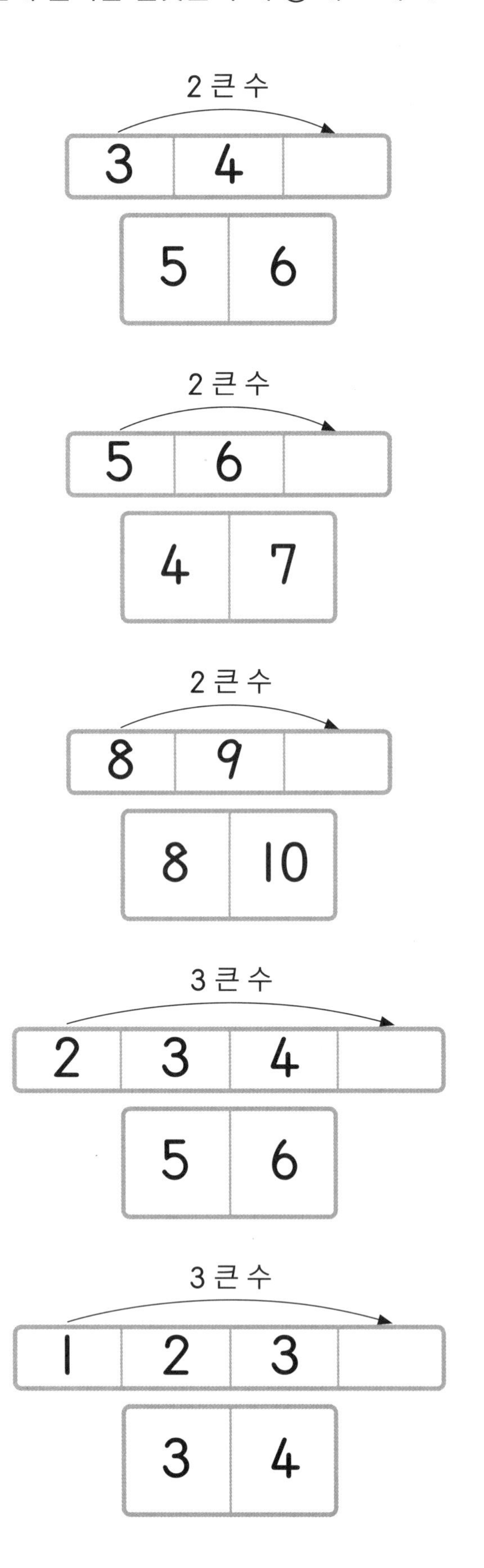

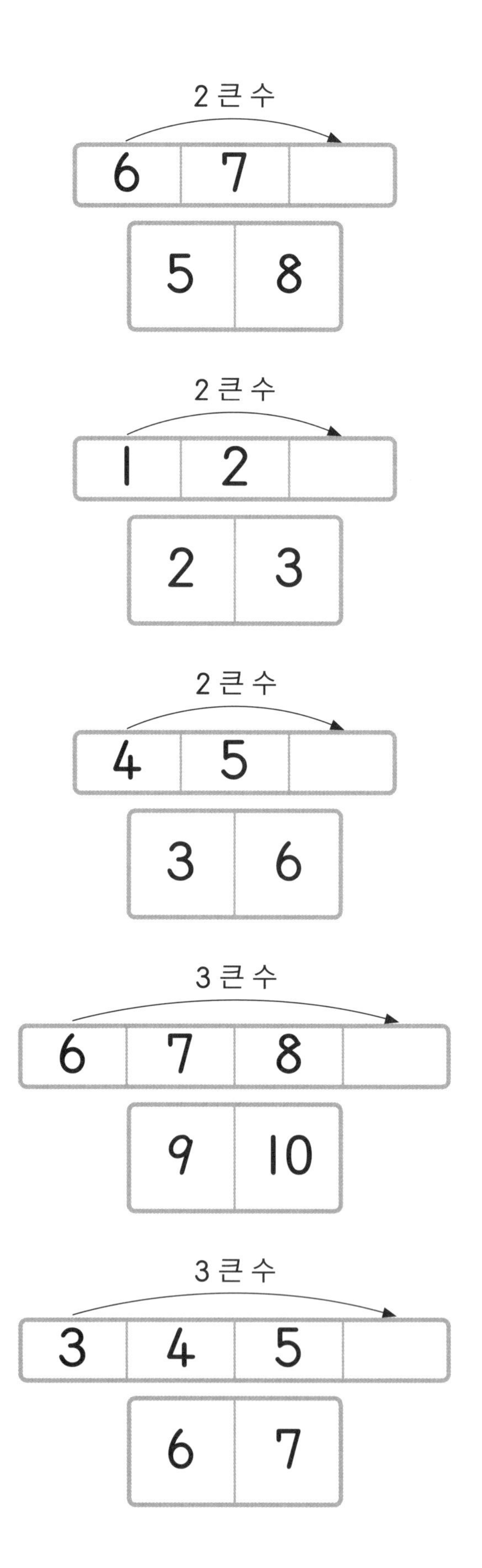

□ 안에 알맞은 수를 써넣어 보세요.

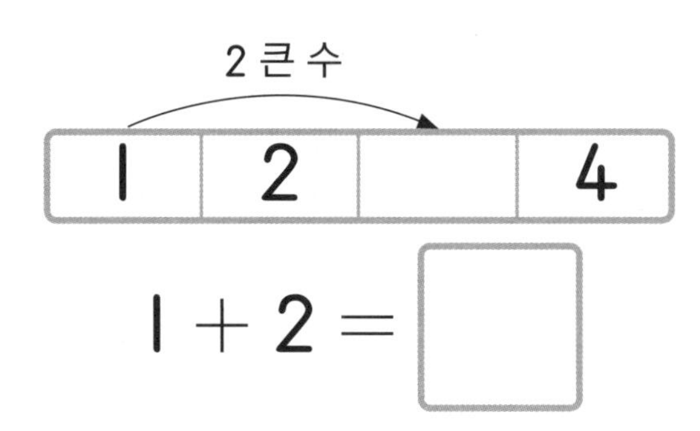

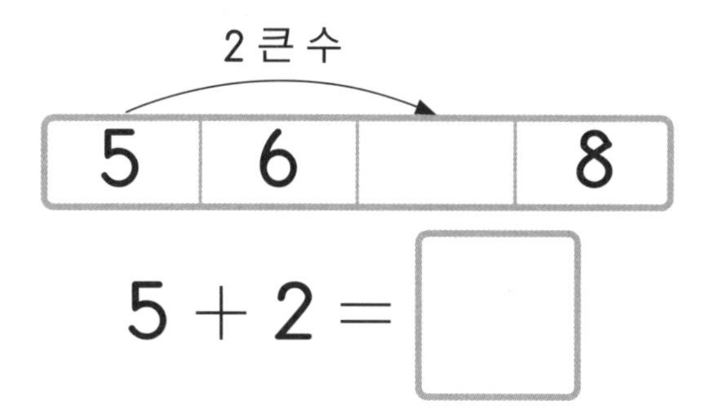

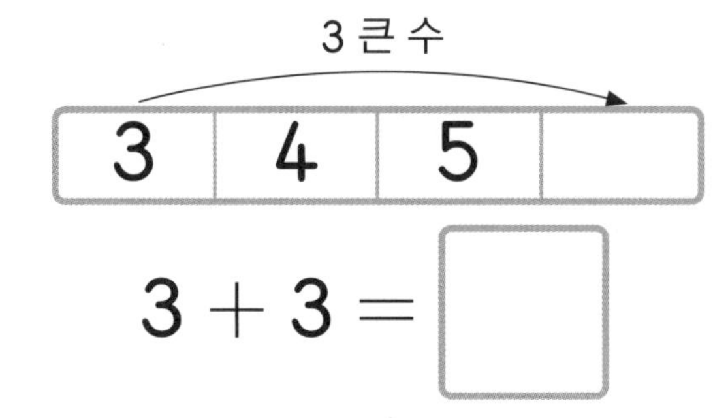

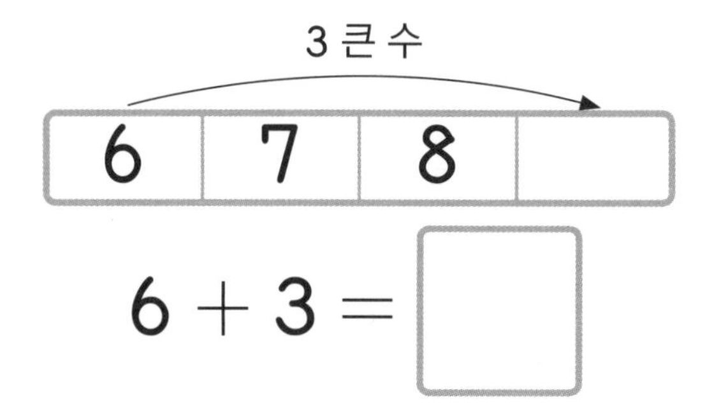

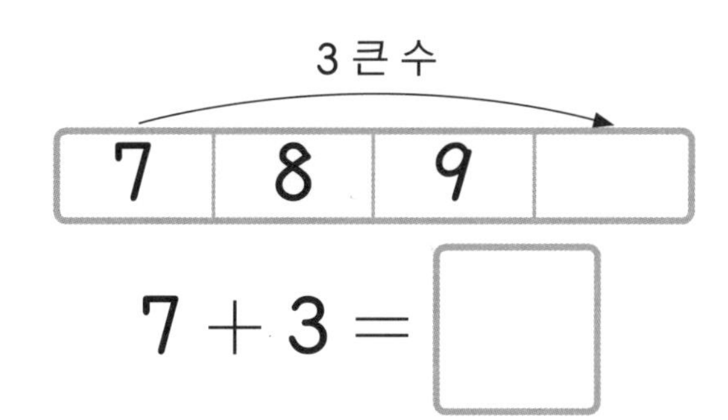

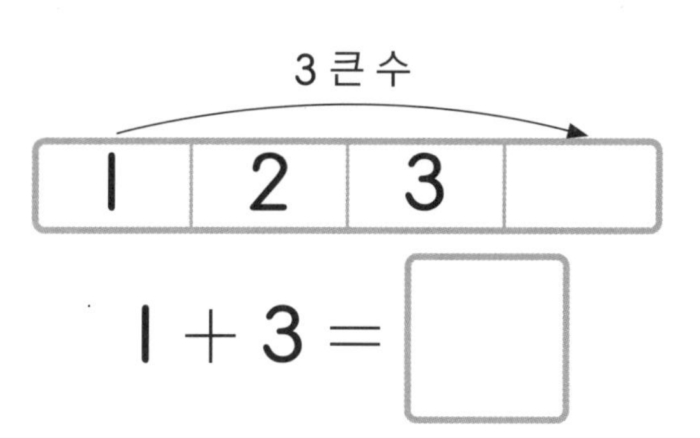

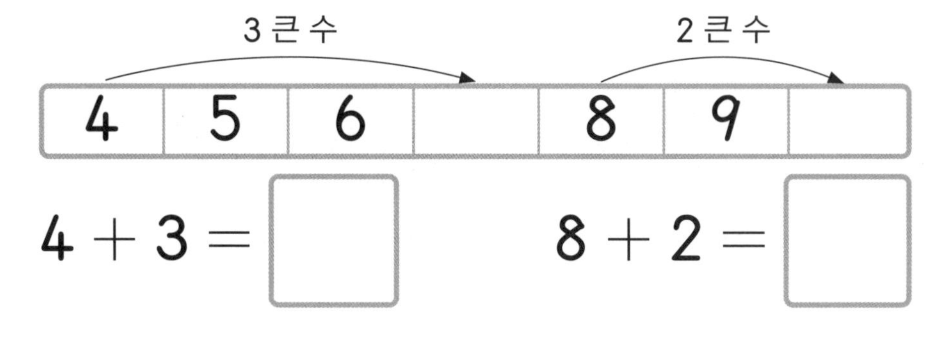

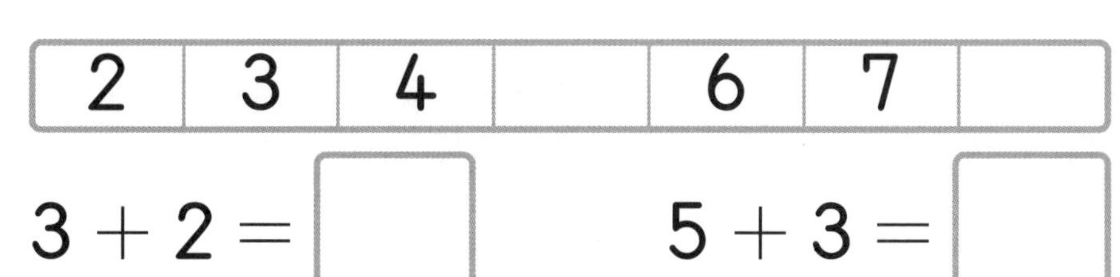

3 주차 10까지의 수 모으기

모은 모양의 수를 세어 □ 안에 써넣어 보세요.

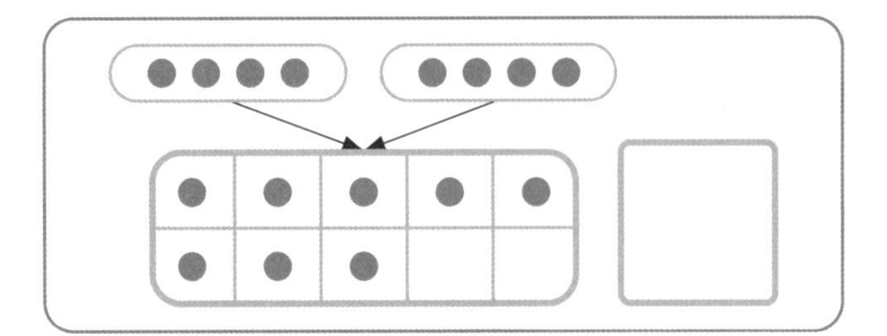

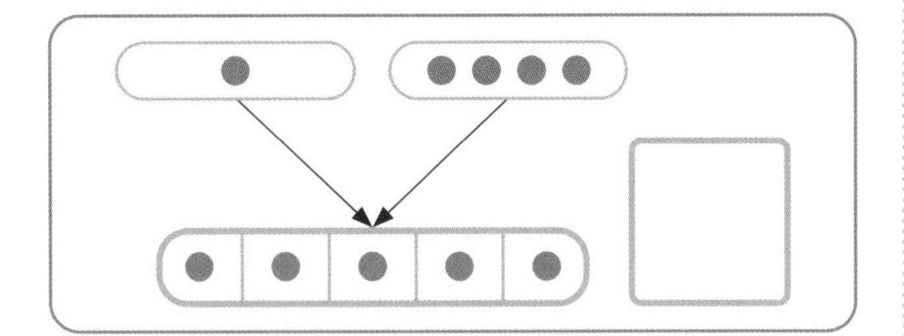

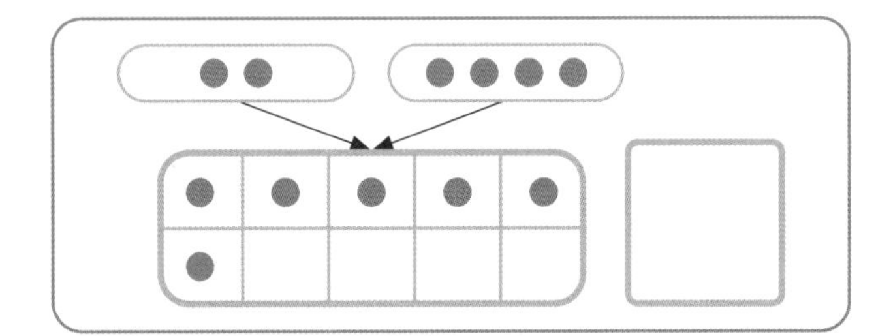

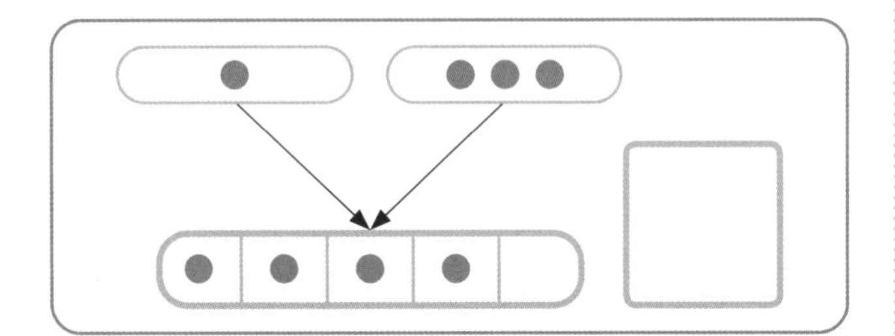

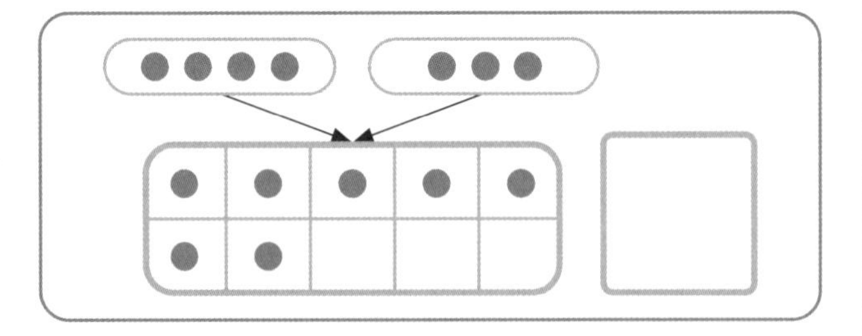

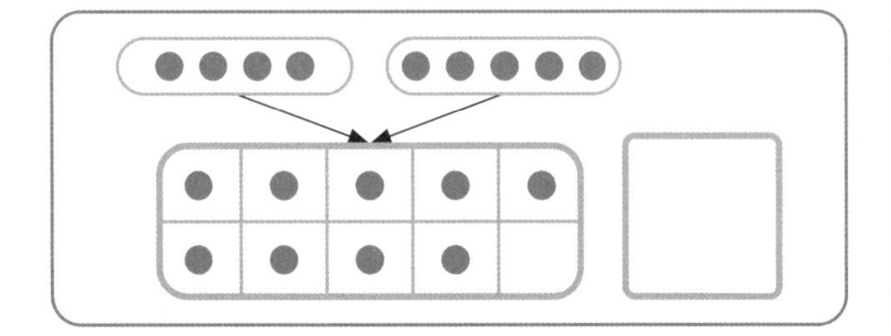

수를 모아 □ 안에 써넣어 보세요.

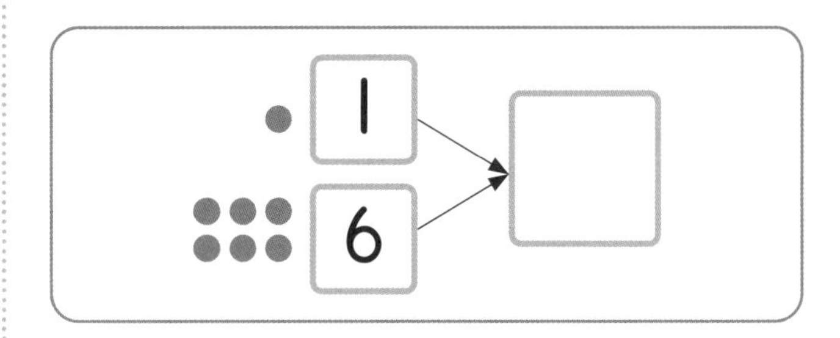

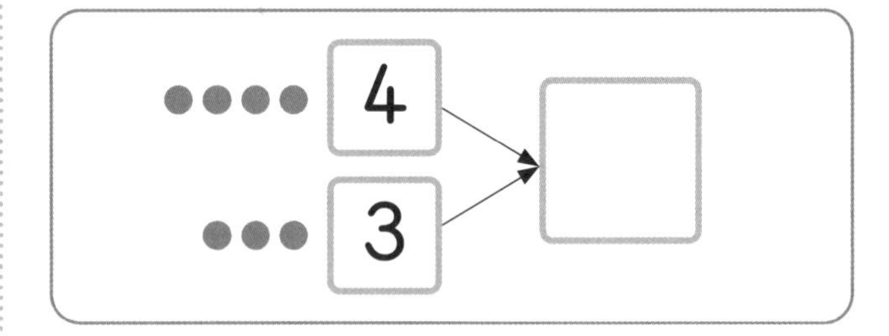

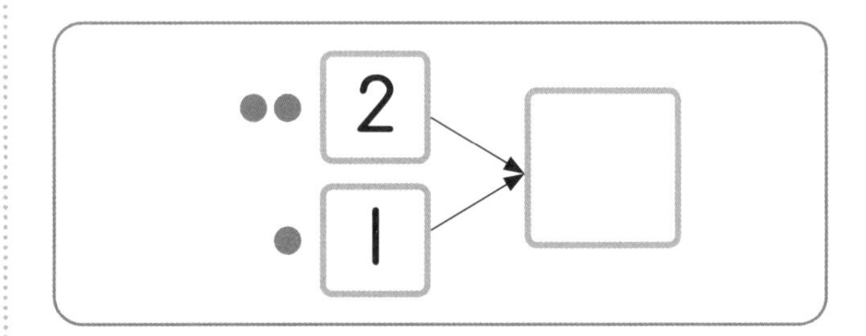

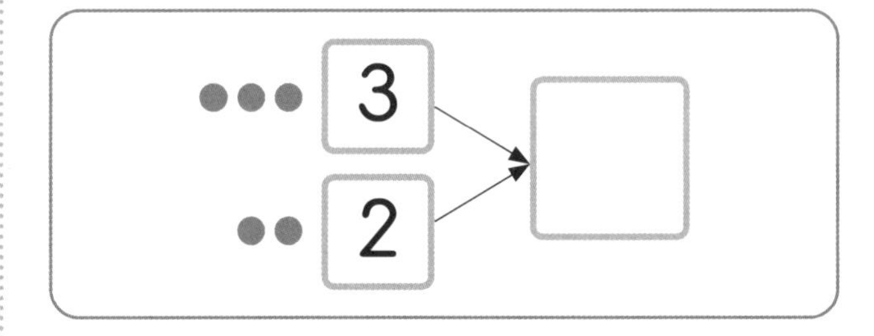

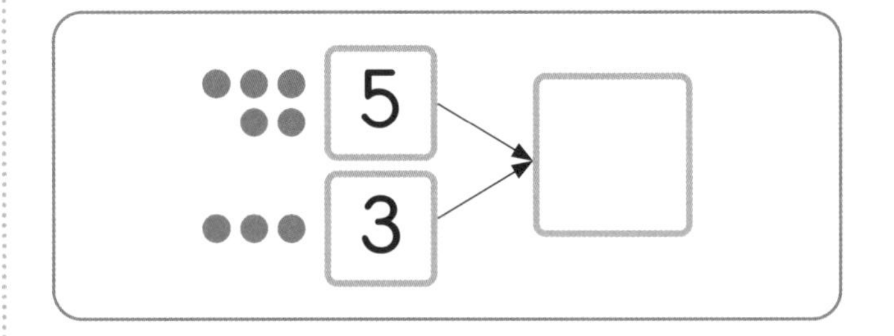

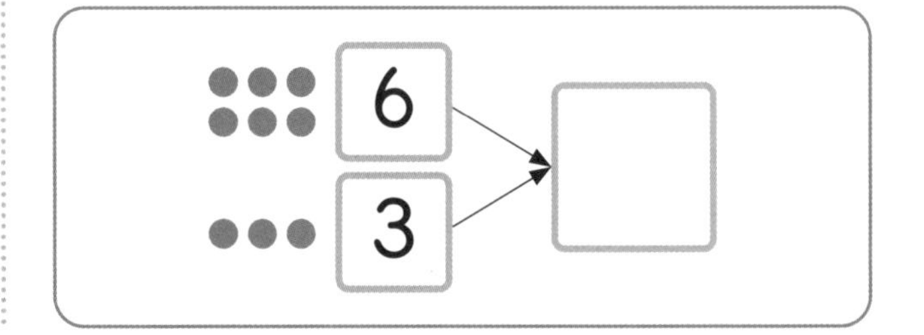

같은 수를 모아 □ 안에 써넣어 보세요.

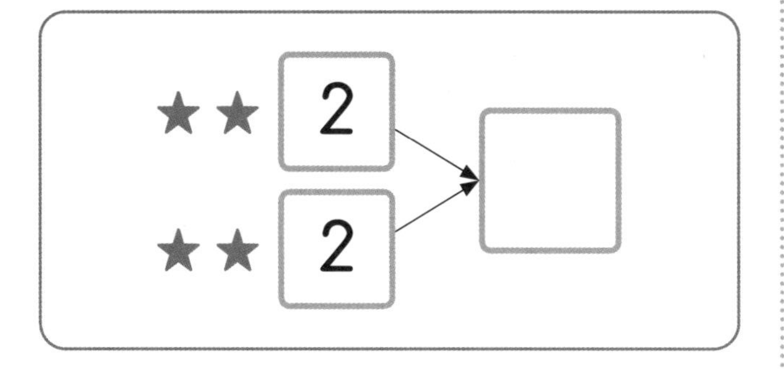

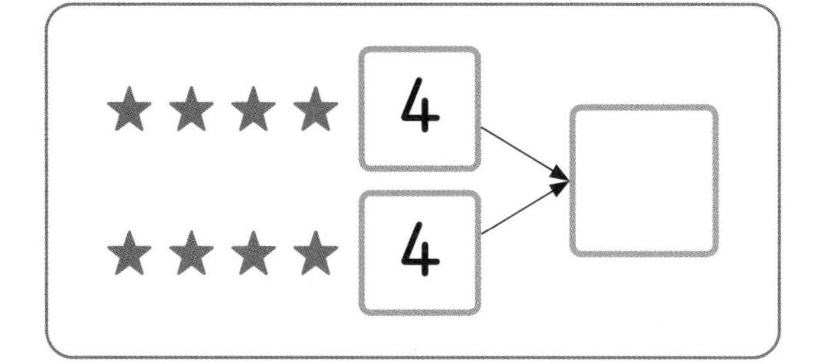

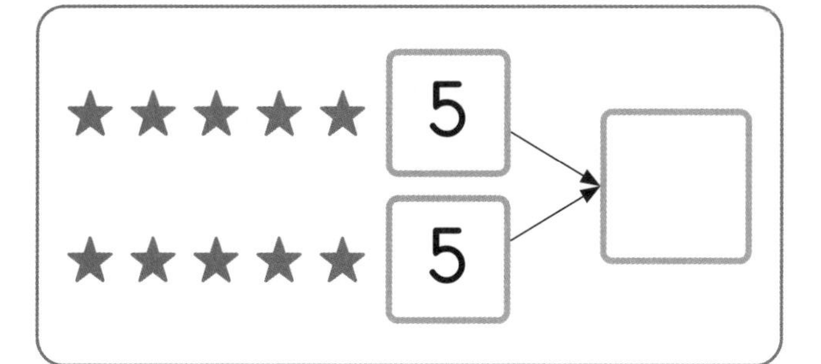

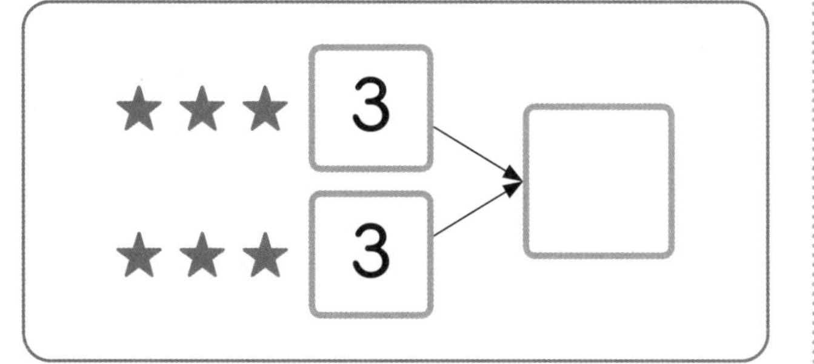

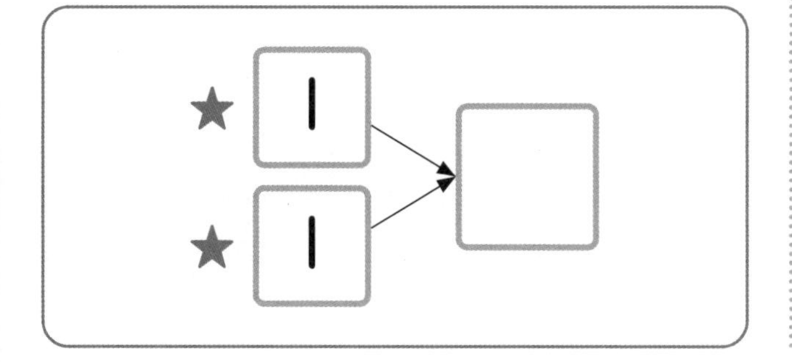

□ 안에 알맞은 수를 써넣어 보세요.

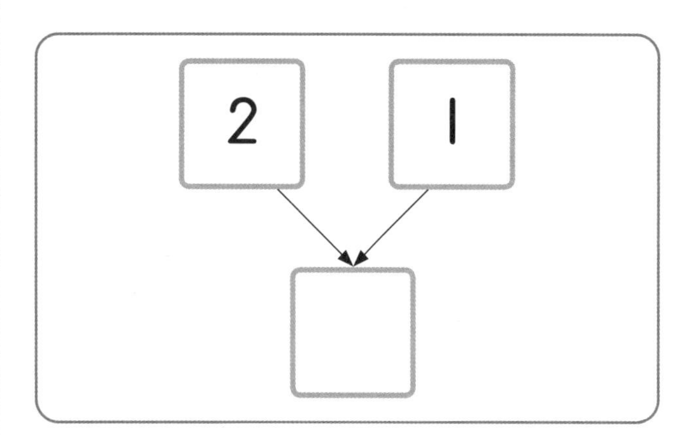

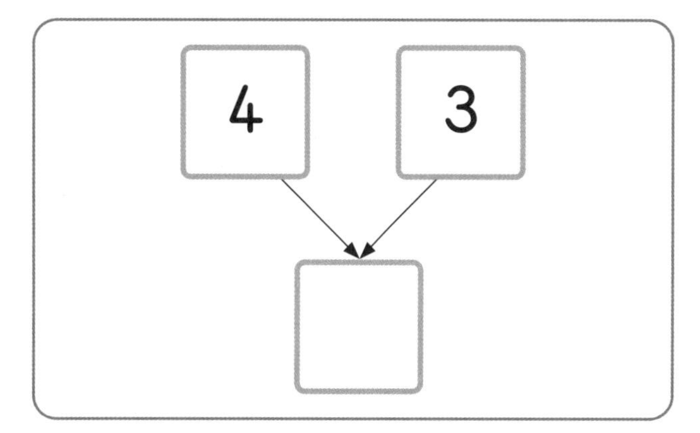

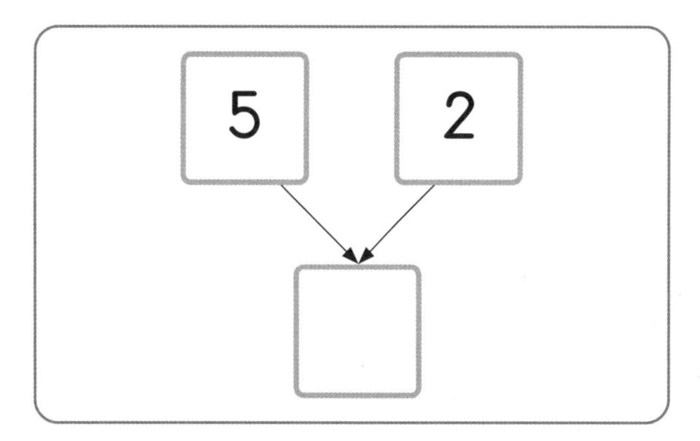

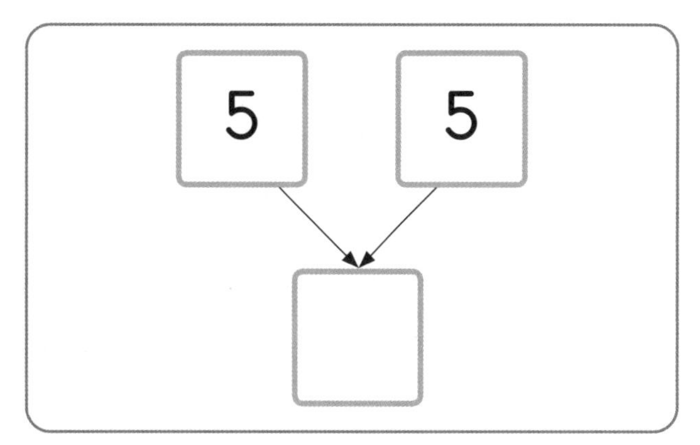

4 주차 더 큰 수

모양의 수를 세어 보고, 더 큰 수로 나타낼 수 있는 것에 ◯ 해 보세요.

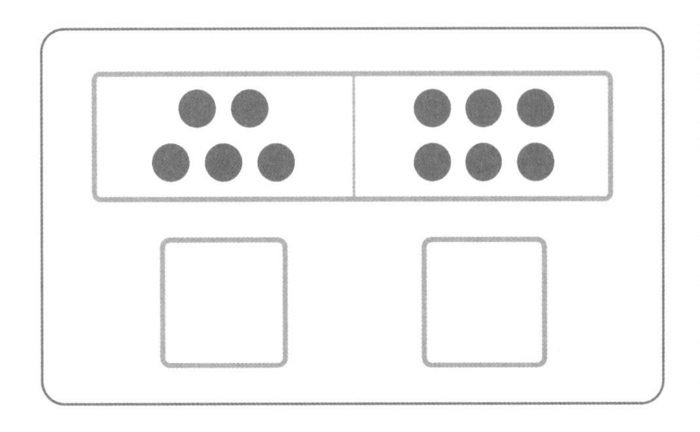

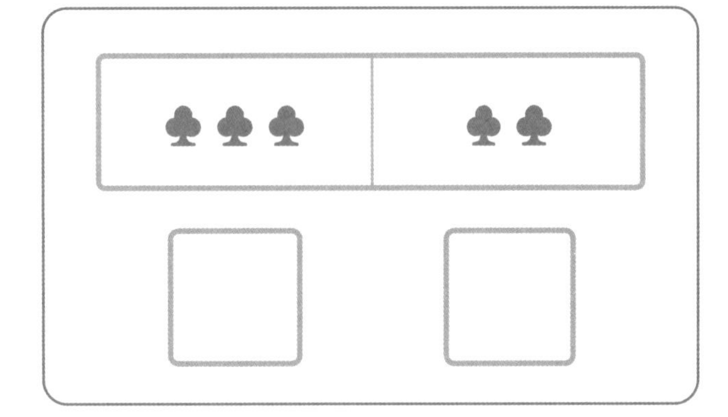

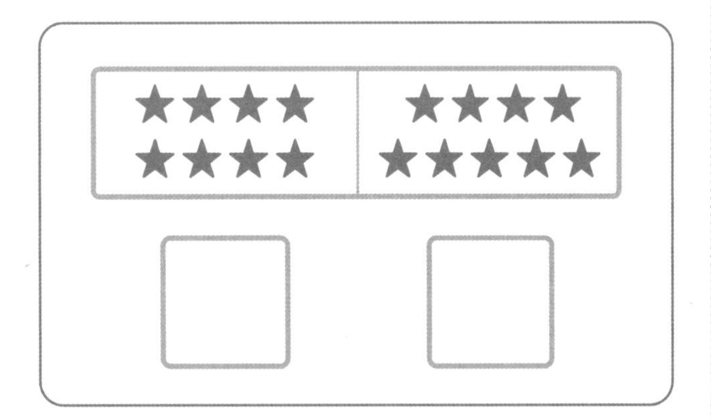

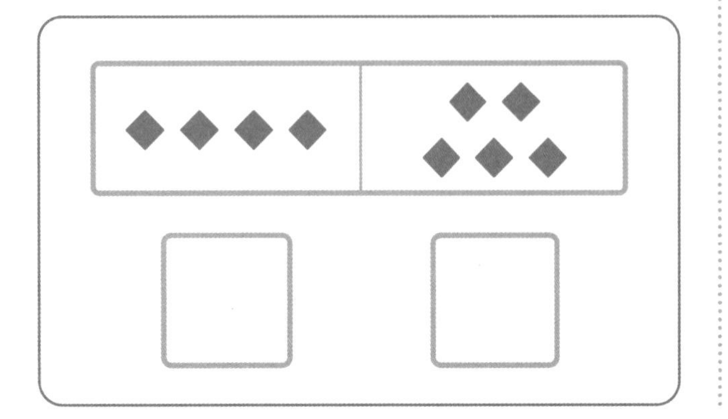

주어진 수보다 더 큰 수에 ◯ 해 보세요.

6

4	9	5

3

4	2	1

8

7	8	9

4

3	1	5

5

7	4	5

가장 큰 수에 ◯ 해 보세요.

3	5	7

6	9	1

2	3	1

9	2	8

5	2	6

7	3	2

2	3	8

4	5	1

3	1	4

7	9	6

6	4	5

4	2	7

memo

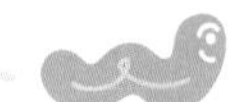

맛있는 퍼팩 연산 | 원리와 사고력이 가득한 퍼즐 팩토리

정답

1주차 P. 10~11

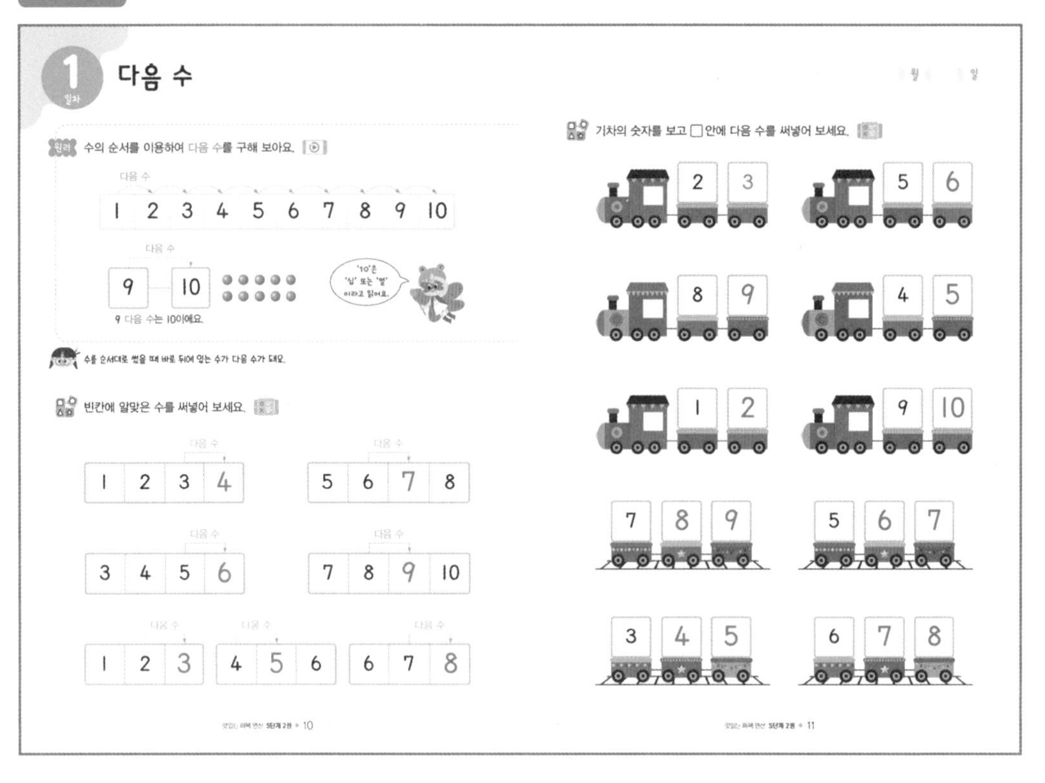

1 일차 다음 수

원리 수의 순서를 이용하여 다음 수를 구해 보아요.

다음 수

1 2 3 4 5 6 7 8 9 10

다음 수

9 10

9 다음 수는 10이에요.

'10'은 '십' 또는 '열'이라고 읽어요.

수를 순서대로 썼을 때 바로 뒤에 있는 수가 다음 수가 돼요.

빈칸에 알맞은 수를 써넣어 보세요.

1 2 3 4　　5 6 7 8

3 4 5 6　　7 8 9 10

1 2 3　　4 5 6　　6 7 8

기차의 숫자를 보고 □안에 다음 수를 써넣어 보세요.

2 3　　5 6

8 9　　4 5

1 2　　9 10

7 8 9　　5 6 7

3 4 5　　6 7 8

1주차 P. 12~13

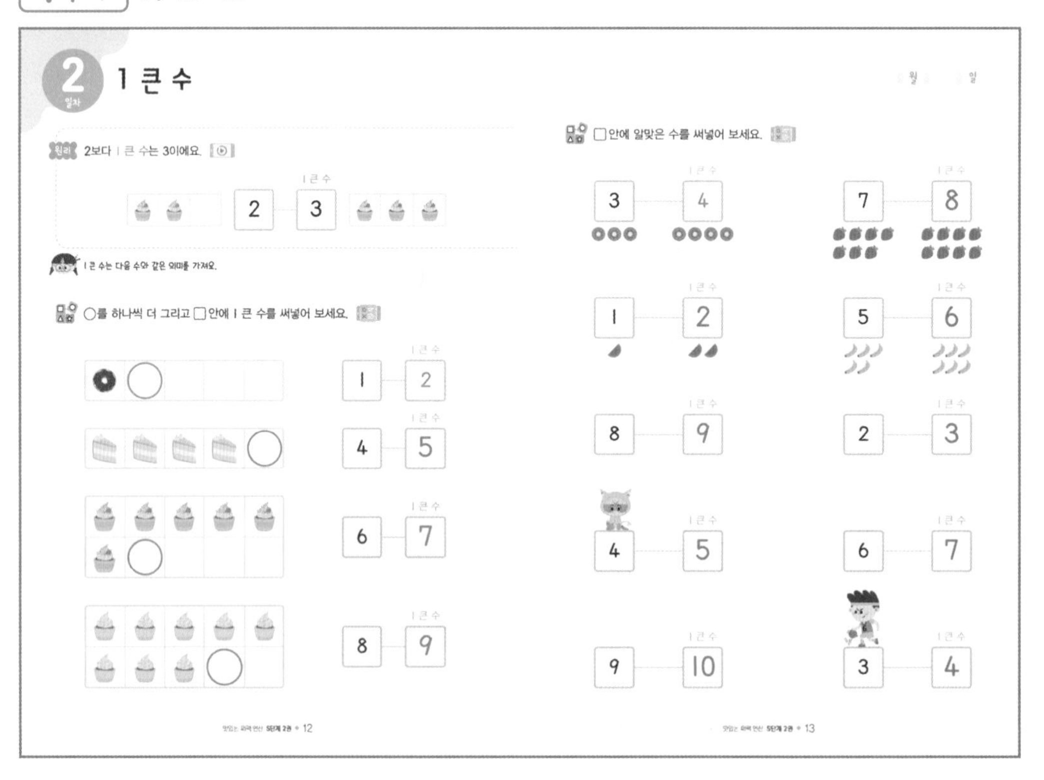

2 일차 1 큰 수

원리 2보다 1 큰 수는 3이에요.

1 큰 수

2 3

1 큰 수는 다음 수와 같은 의미를 가져요.

○를 하나씩 더 그리고 □안에 1 큰 수를 써넣어 보세요.

1 2

4 5

6 7

8 9

□안에 알맞은 수를 써넣어 보세요.

3 4　　7 8

1 2　　5 6

8 9　　2 3

4 5　　6 7

9 10　　3 4

1주차 P. 14~15

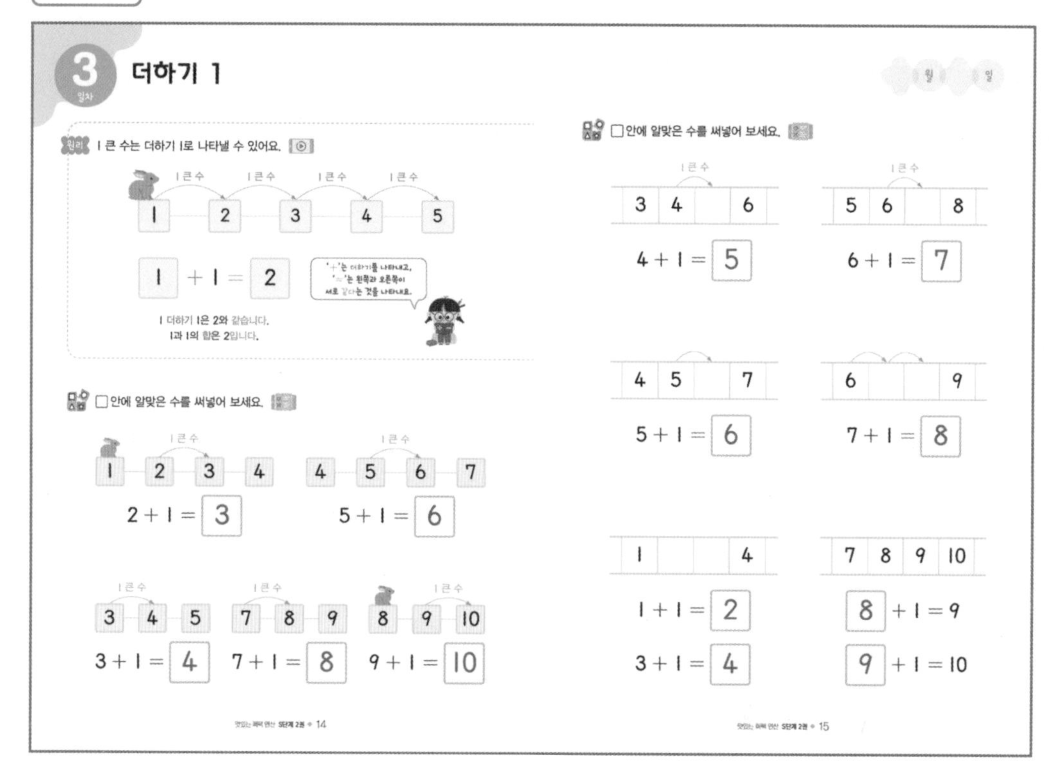

1주차 P. 16~17

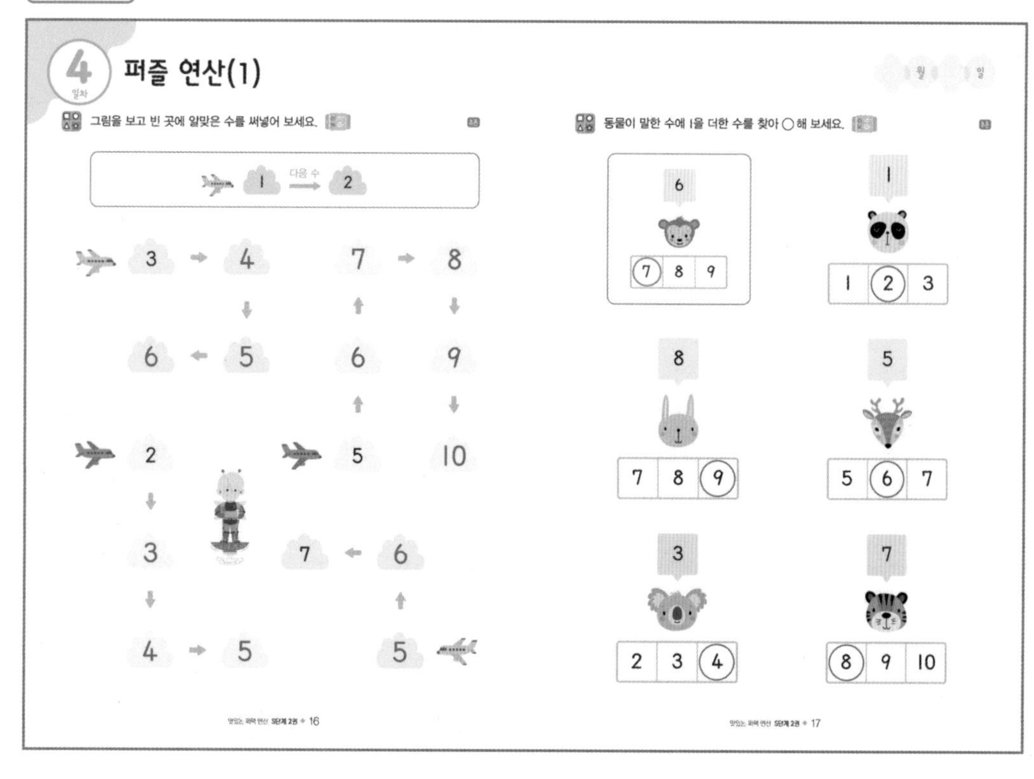

정답

1주차 P. 18~19

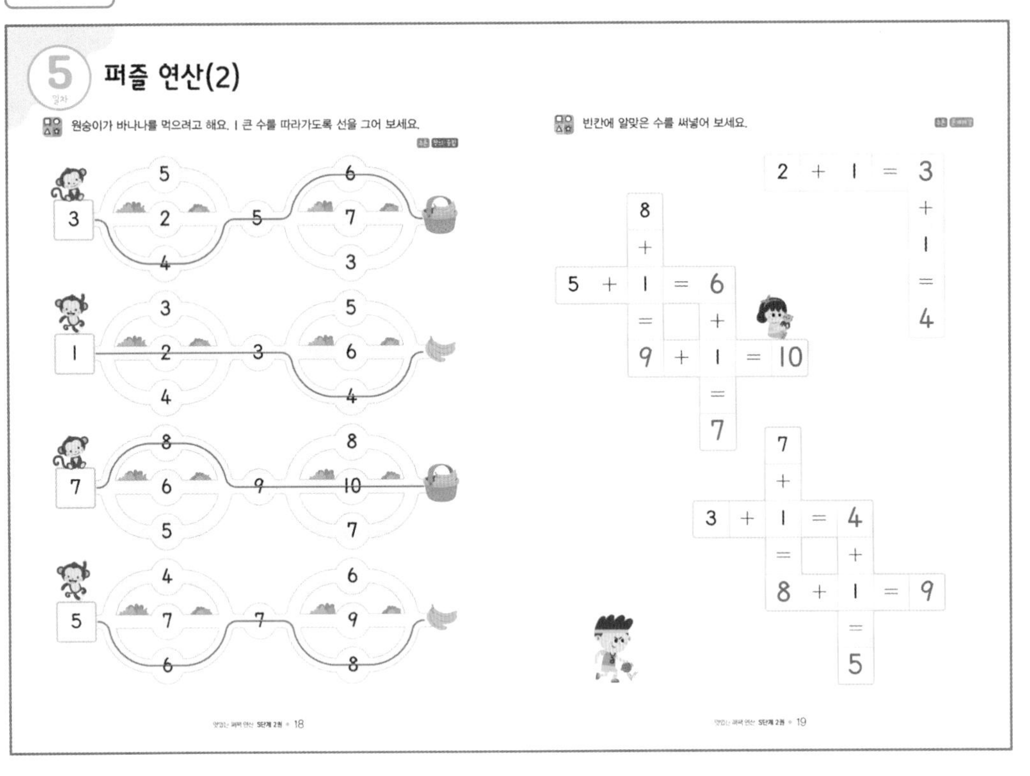

1주차 P. 20

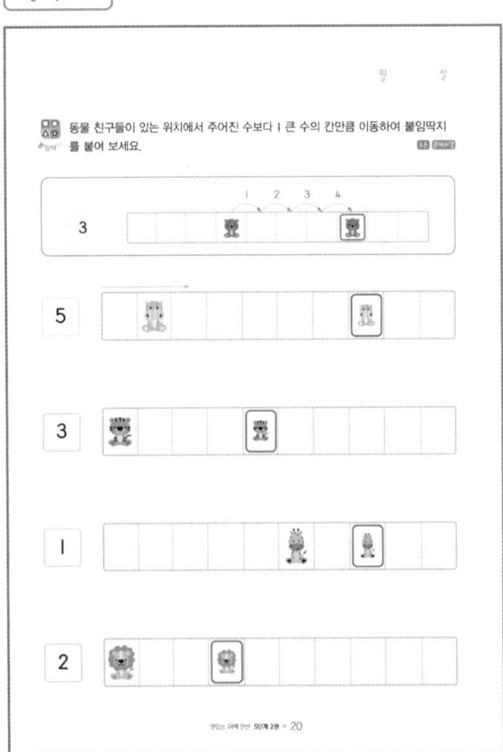

2주차 P. 22~23

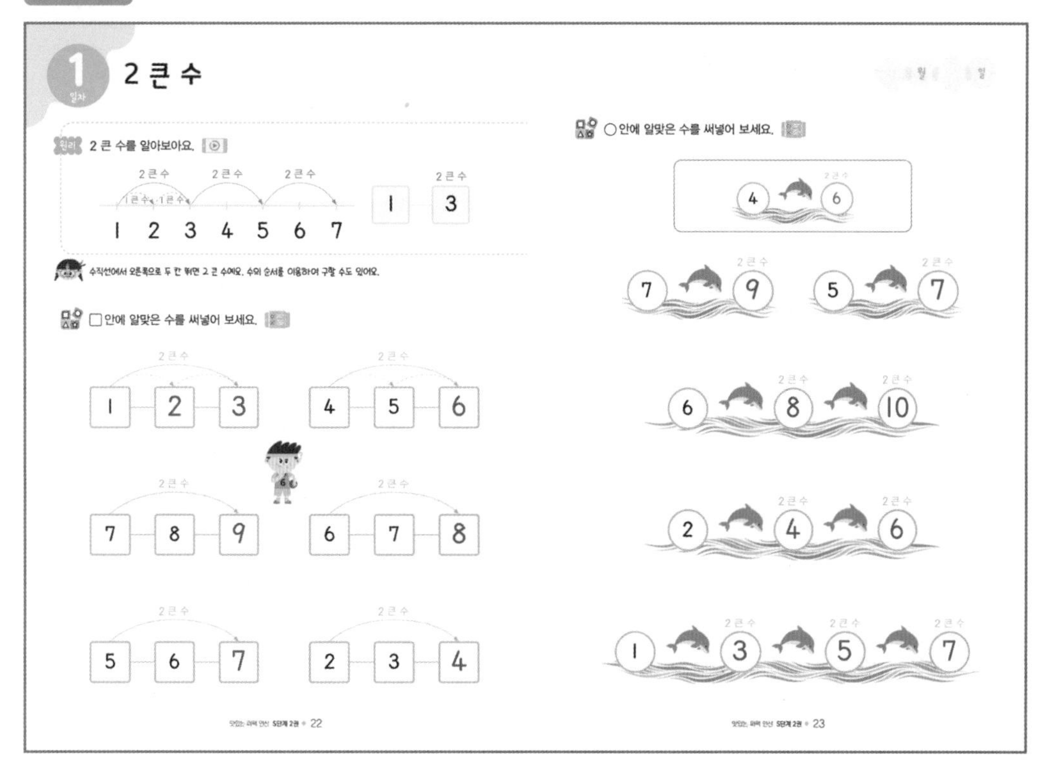
1 일차 2 큰 수

2 큰 수를 알아보아요.

2 큰 수 2 큰 수 2 큰 수

1 큰 수 1 큰 수

1 2 3 4 5 6 7

1 3

수직선에서 오른쪽으로 두 칸 뛰면 2 큰 수예요. 수의 순서를 이용하여 구할 수도 있어요.

□안에 알맞은 수를 써넣어 보세요.

1 2 3 | 4 5 6

7 8 9 | 6 7 8

5 6 7 | 2 3 4

○안에 알맞은 수를 써넣어 보세요.

4 6

7 9 | 5 7

6 8 10

2 4 6

1 3 5 7

맛있는 퍼펙 연산 S단계 2권 · 22 | 맛있는 퍼펙 연산 S단계 2권 · 23

2주차 P. 24~25

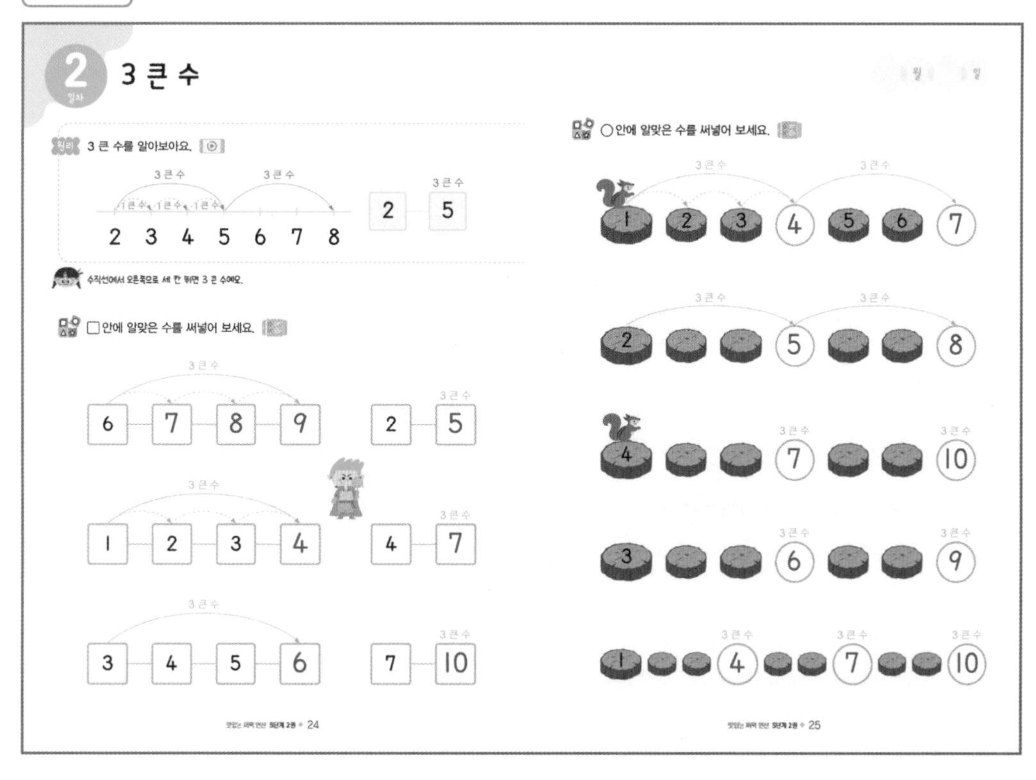
2 일차 3 큰 수

3 큰 수를 알아보아요.

3 큰 수 3 큰 수

1 큰 수 1 큰 수 1 큰 수

2 3 4 5 6 7 8

2 5

수직선에서 오른쪽으로 세 칸 뛰면 3 큰 수예요.

□안에 알맞은 수를 써넣어 보세요.

6 7 8 9 | 2 5

1 2 3 4 | 4 7

3 4 5 6 | 7 10

○안에 알맞은 수를 써넣어 보세요.

1 2 3 4 5 6 7

2 5 8

4 7 10

3 6 9

1 4 7 10

맛있는 퍼펙 연산 S단계 2권 · 24 | 맛있는 퍼펙 연산 S단계 2권 · 25

정답

2주차 P. 26~27

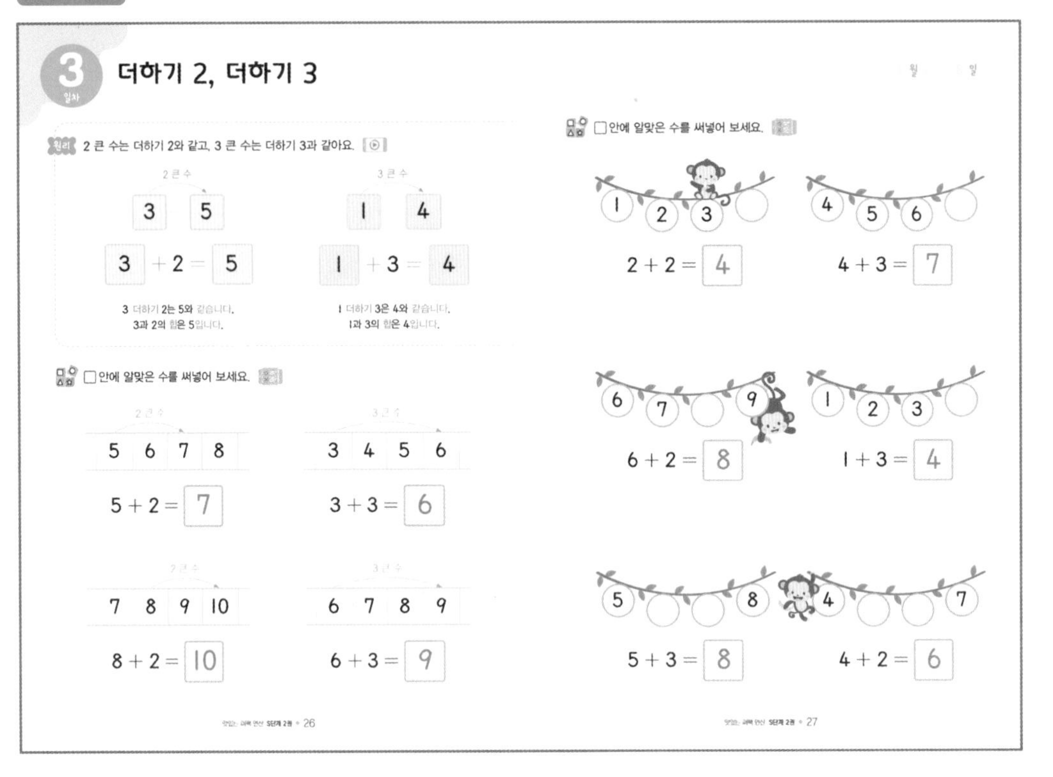

2주차 P. 28~29

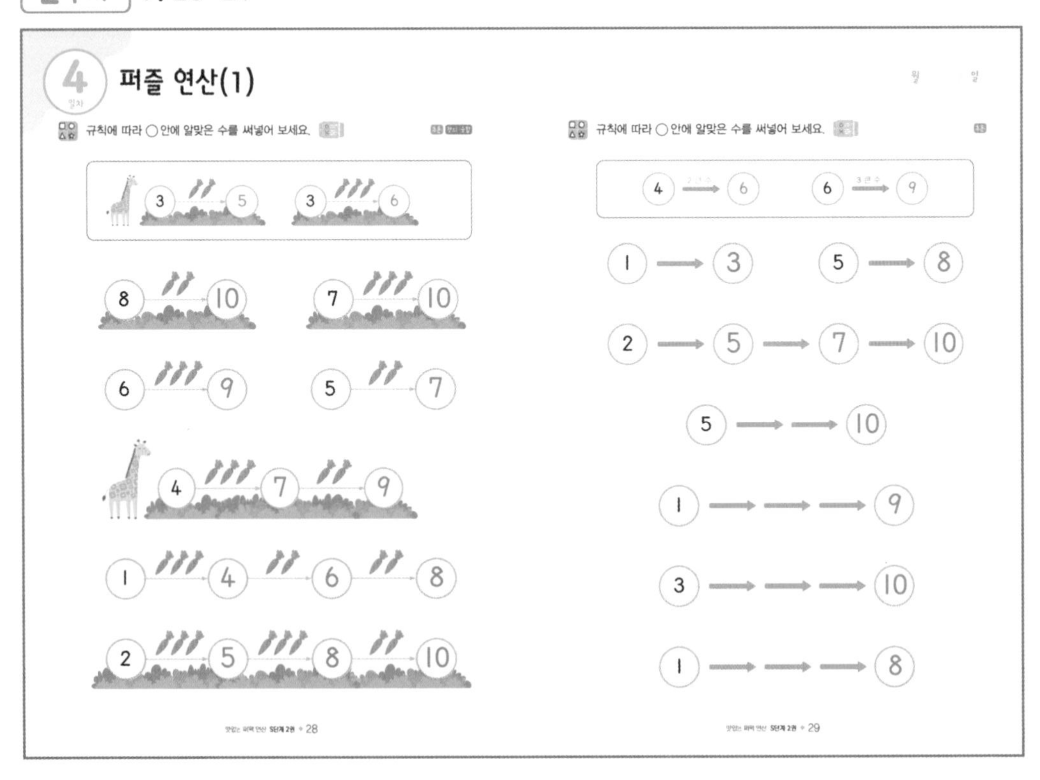

2주차 P. 30~31

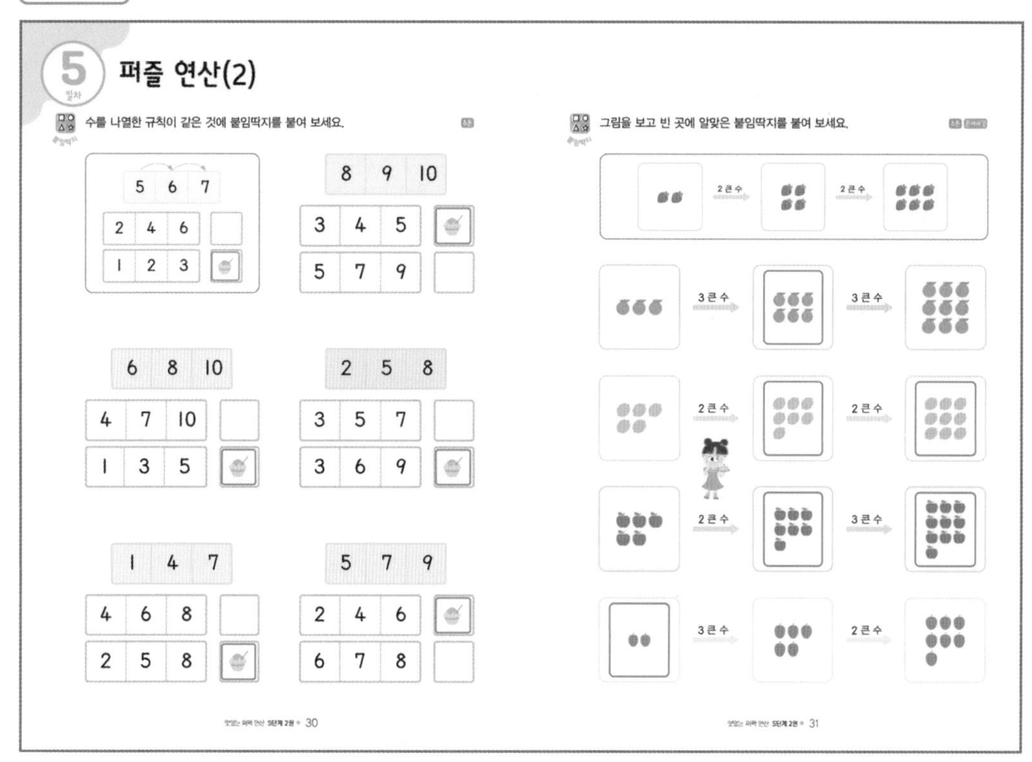

2주차 P. 32~33

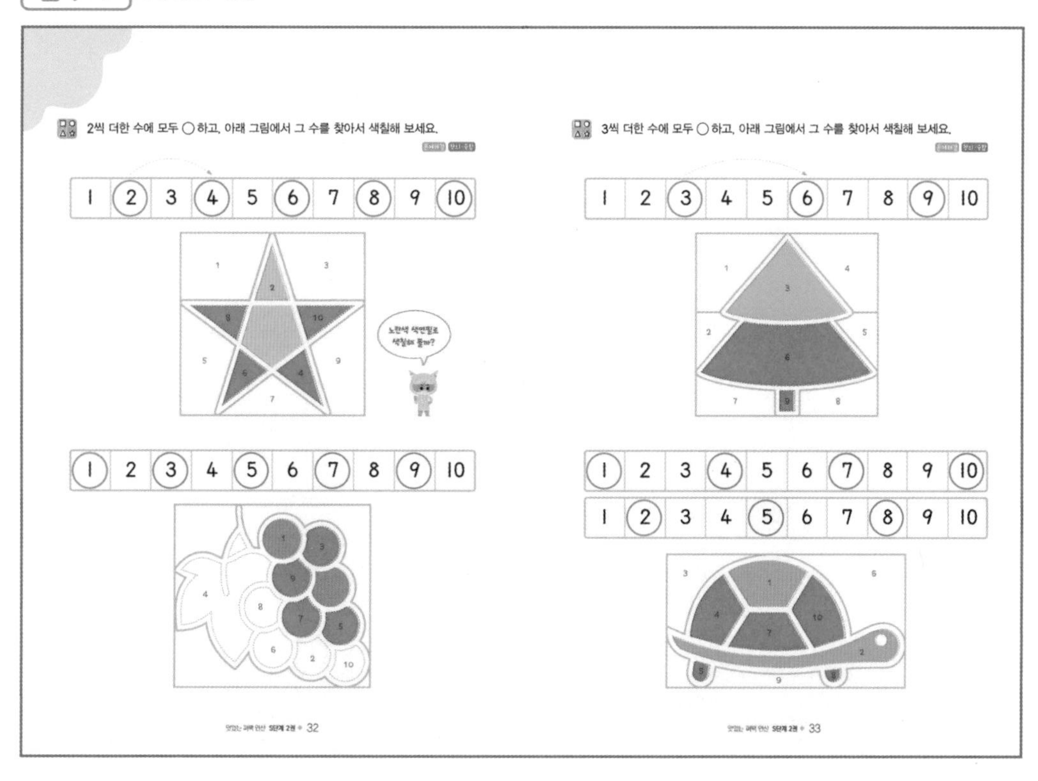

정답

2주차 P. 34

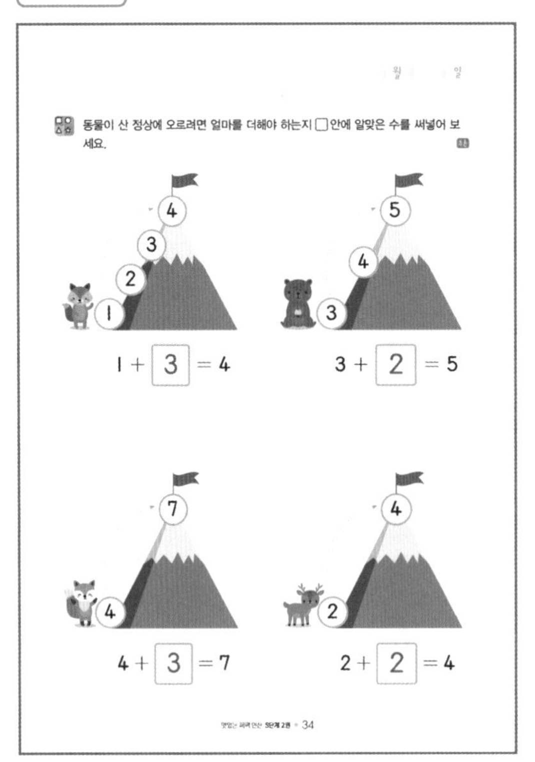

월 일
동물이 산 정상에 오르려면 얼마를 더해야 하는지 □안에 알맞은 수를 써넣어 보세요.
1 + 3 = 4
3 + 2 = 5
4 + 3 = 7
2 + 2 = 4
맛있는 퍼팩 연산 S단계 2권 · 34

3주차 P. 36~37

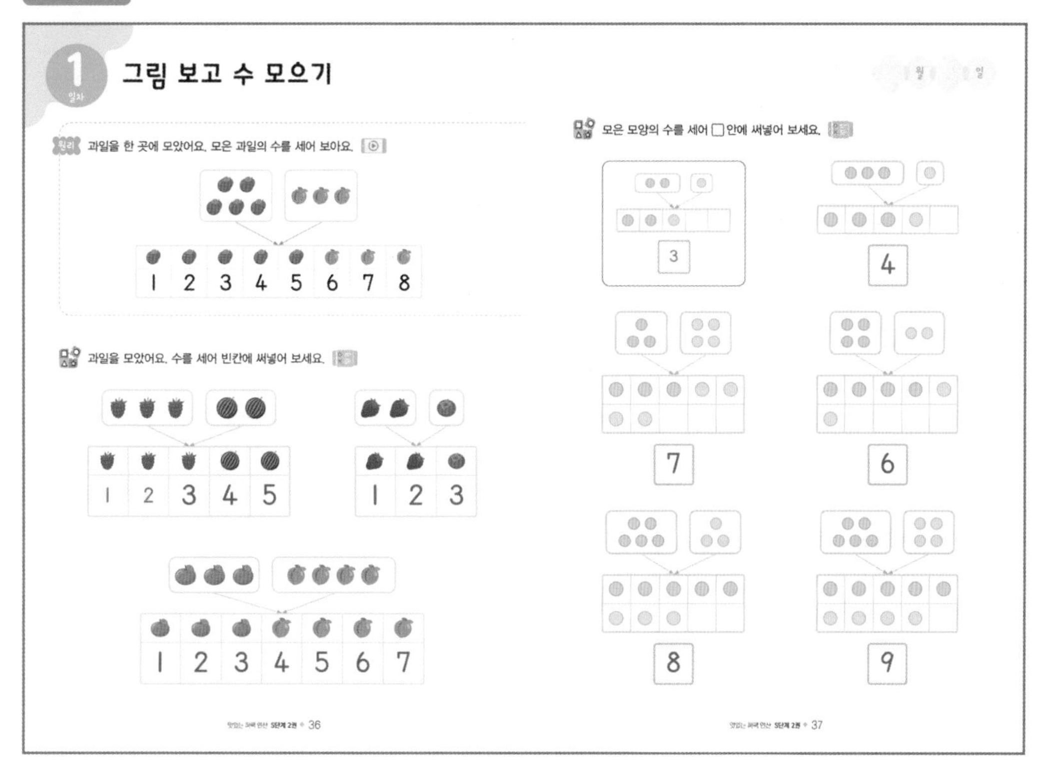

3주차 P. 38~39

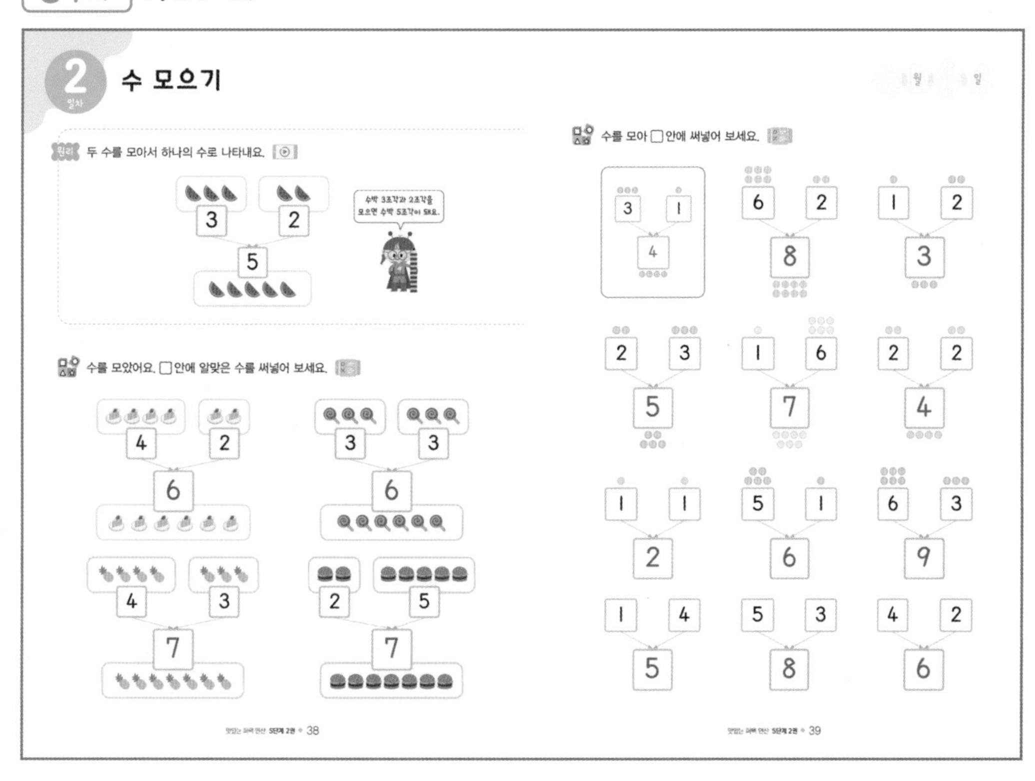

정답

3주차 P. 40~41

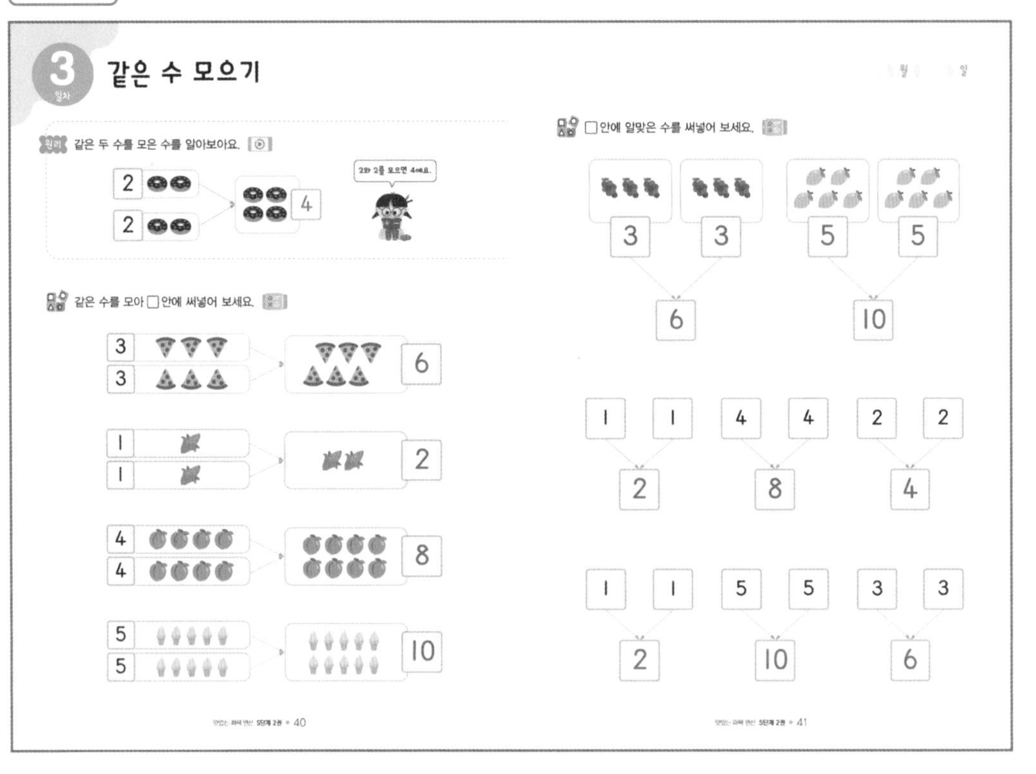

3주차 P. 42~43

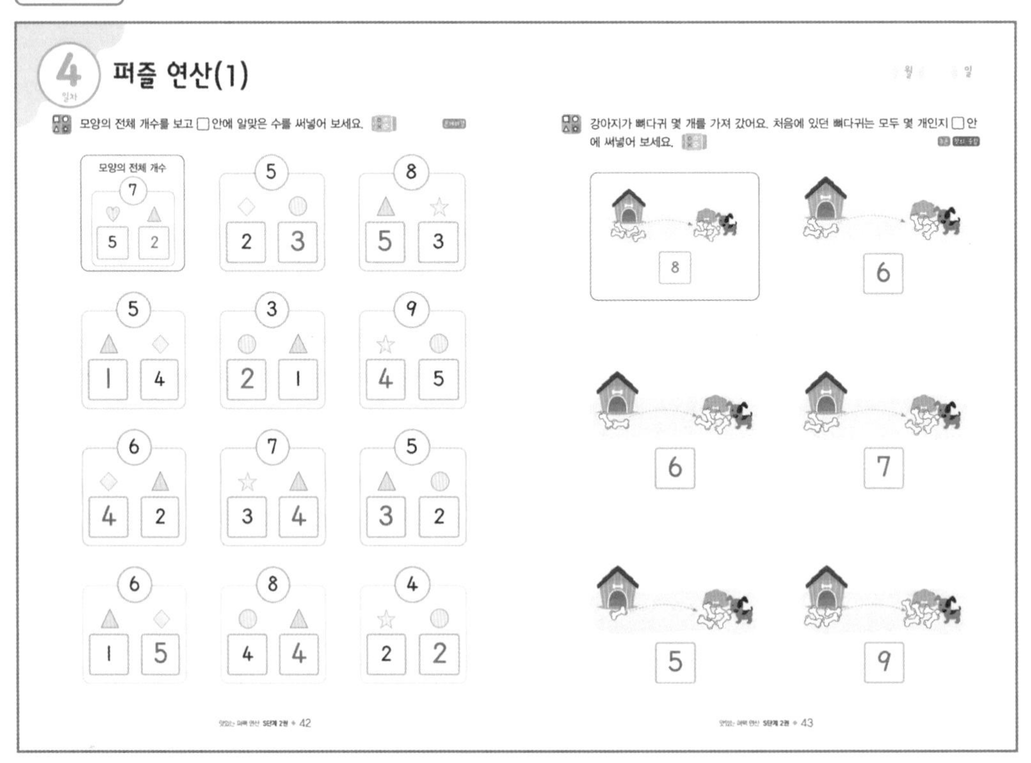

3주차 P. 44~45

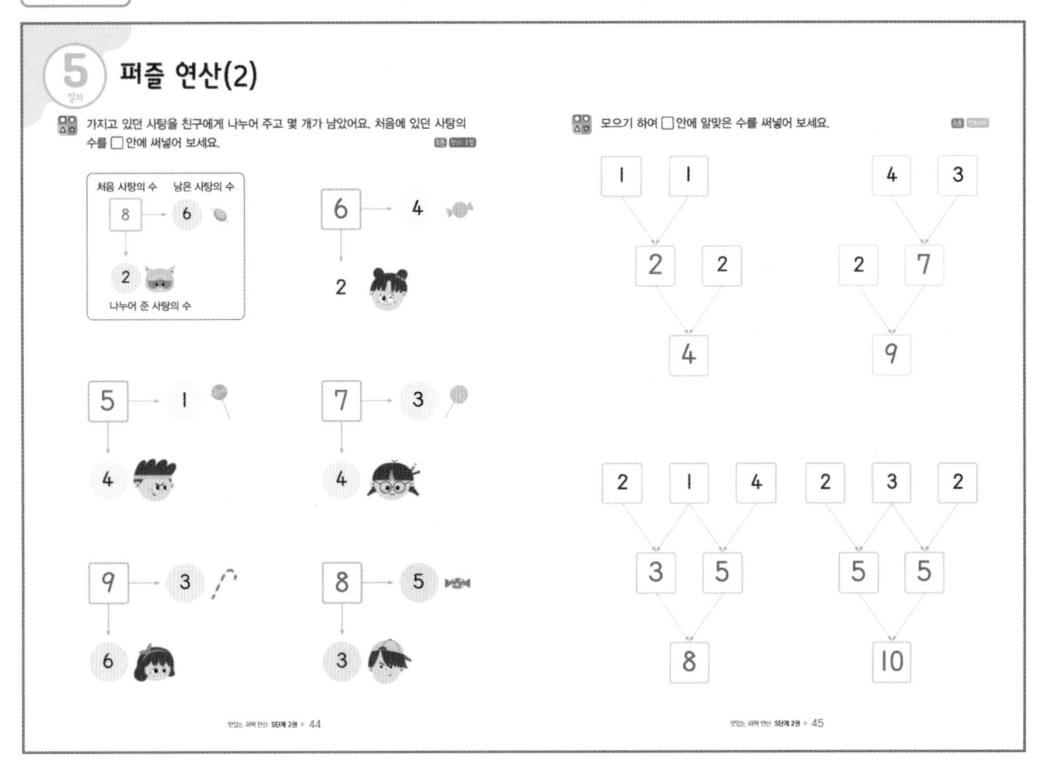

3주차 P. 46

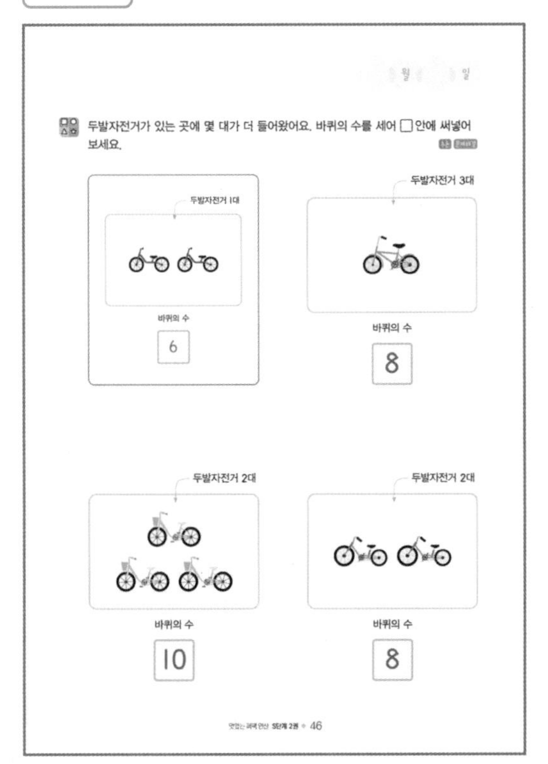

정답

4주차 P. 48~49

1일차 양의 비교

원리 개수가 더 많은 것을 더 큰 수로 나타낼 수 있어요.

3 5

노란색 자동차가 더 많으므로 더 큰 수로 나타낼 수 있어요.

'많다'의 반댓말은 '적다'이고, '크다'의 반댓말은 '작다'임을 알게 해 주세요.

자동차의 수를 세어 보고, 더 큰 수로 나타낼 수 있는 것에 ○ 해 보세요.

○ □   □ ○

□ ○   ○ □

모양이 많을수록 더 무거워요. 더 무거운 것에 ○ 해 보세요.

4 □ 5 ○   7 ○ 6 □

3 ○ 2 □   6 □ 8 ○

컵의 물이 더 많은 것에 ○ 해 보세요.

○ □   □ ○

□ ○   ○ □

4주차 P. 50~51

2일차 두 수의 비교

원리 수를 순서대로 놓았을 때, 뒤에 있는 수를 앞에 있는 수보다 큰 수라고 해요.

1 2 3 4 5 6 7 8 9

작은 수 → 큰 수

수의 순서를 거꾸로 놓으면 앞에 있는 수가 뒤에 있는 수보다 큰 수가 돼요. 3 2 1 (큰 수 ↔ 작은 수)

수의 순서를 보고, 더 큰 수에 ○ 해 보세요.

1	2	3	4	5	6	7	8	9	10

3 (4)   (7) 6   8 (9)

(3) 1   2 (5)   (6) 5

9 (10)   (2) 1   5 (8)

(9) 5   (7) 2   2 (4)

주어진 수보다 더 큰 수에 ○ 해 보세요.

3: 1 (5) 2   5: (7) 4 3   8: 6 7 (9)

3: 2 (7) 1   4: (6) 3 1   5: 4 2 (8)

7: 4 6 (9)   6: 3 (8) 4   9: (10) 7 5

6: 4 (9) 5   8: 7 6 (10)   3: 2 1 (6)

4주차 P. 52~53

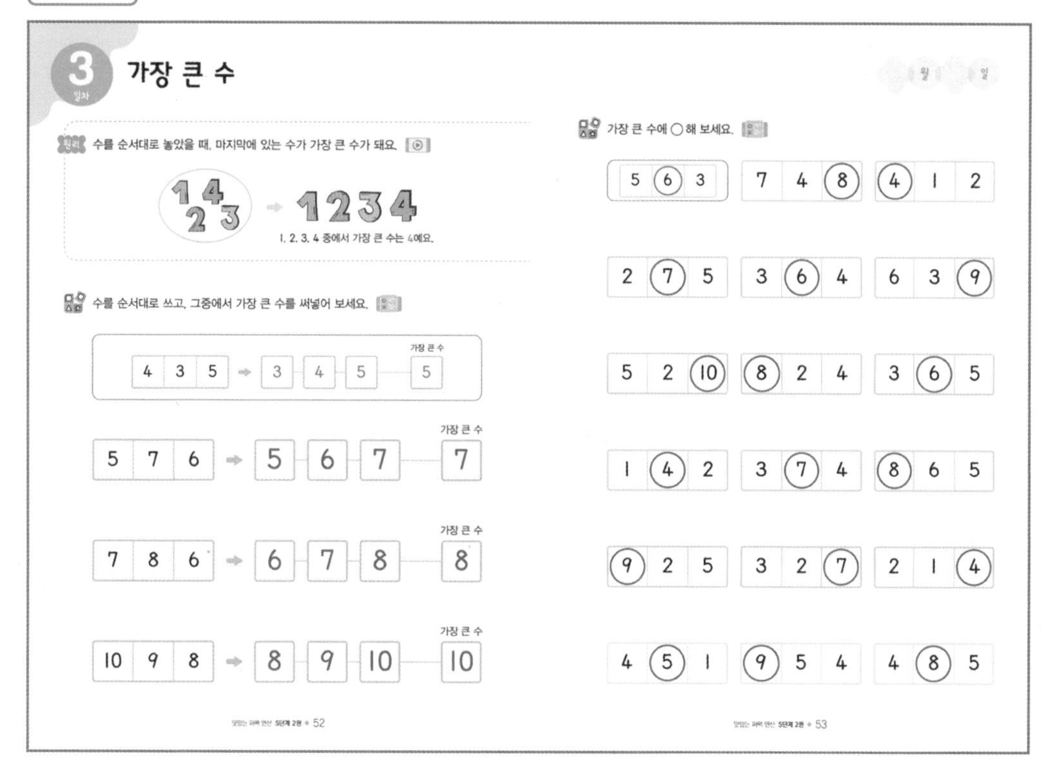

3 일차 가장 큰 수

원리 수를 순서대로 놓았을 때, 마지막에 있는 수가 가장 큰 수가 돼요.

1 4 2 3 → 1 2 3 4

1, 2, 3, 4 중에서 가장 큰 수는 4예요.

수를 순서대로 쓰고, 그중에서 가장 큰 수를 써넣어 보세요.

수	순서대로	가장 큰 수
4 3 5	3 4 5	5
5 7 6	5 6 7	7
7 8 6	6 7 8	8
10 9 8	8 9 10	10

가장 큰 수에 ○해 보세요.

5 (6) 3	7 4 (8)	(4) 1 2
2 (7) 5	3 (6) 4	6 3 (9)
5 2 (10)	(8) 2 4	3 (6) 5
1 (4) 2	3 (7) 4	(8) 6 5
(9) 2 5	3 2 (7)	2 1 (4)
4 (5) 1	(9) 5 4	4 (8) 5

4주차 P. 54~55

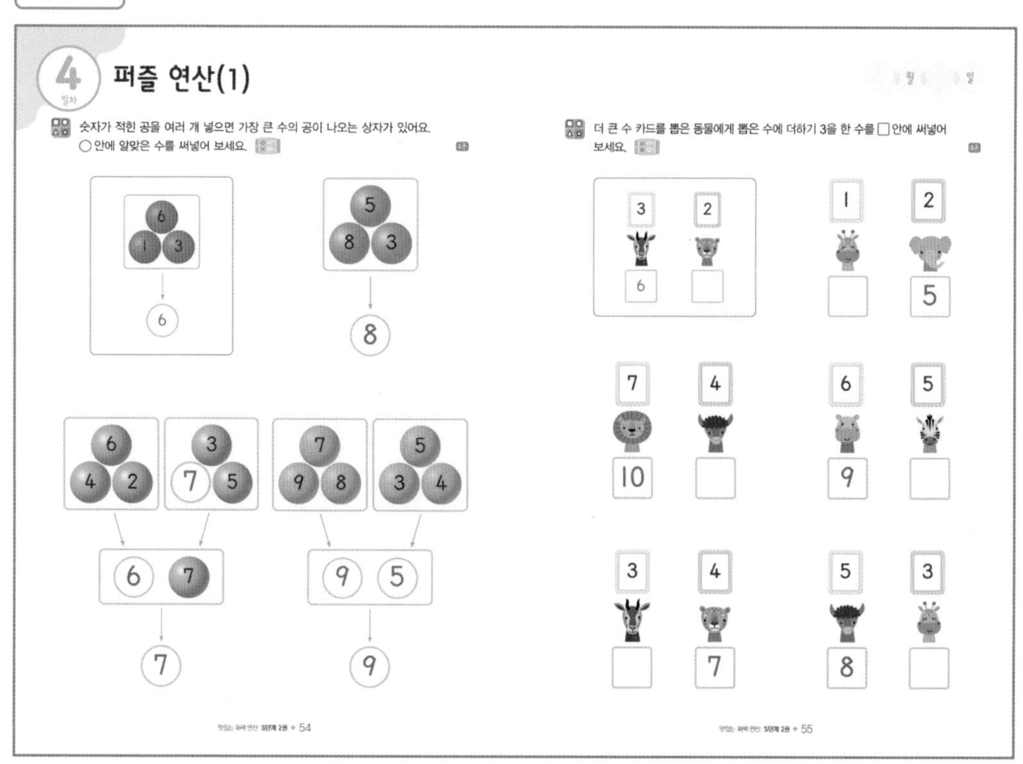

4 일차 퍼즐 연산(1)

숫자가 적힌 공을 여러 개 넣으면 가장 큰 수의 공이 나오는 상자가 있어요. ○안에 알맞은 수를 써넣어 보세요.

- 6, 1, 3 → 6
- 5, 8, 3 → 8
- 6, 4, 2 → 6 / 3, 7, 5 → 7 → 7
- 7, 9, 8 → 9 / 5, 3, 4 → 5 → 9

더 큰 수 카드를 뽑은 동물에게 뽑은 수에 더하기 3을 한 수를 □안에 써넣어 보세요.

- 3, 2 → 6
- 1, 2 → 5
- 7, 4 → 10
- 6, 5 → 9
- 3, 4 → 7
- 5, 3 → 8

정답

4주차 P. 56~57

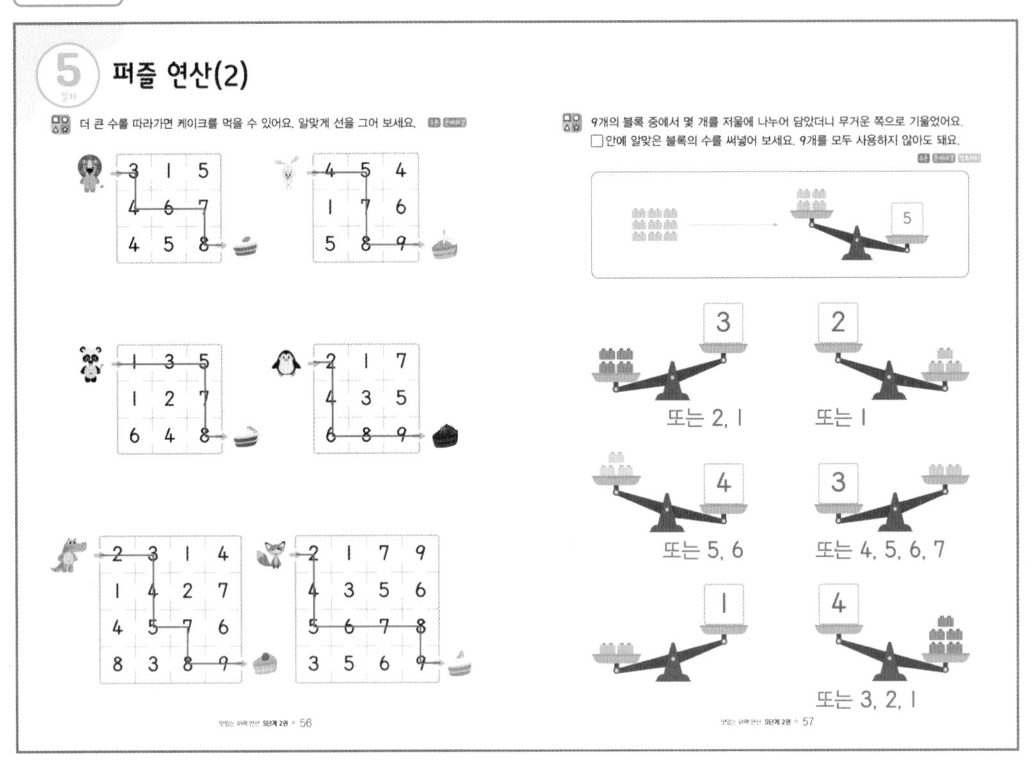

4주차 P. 58~59

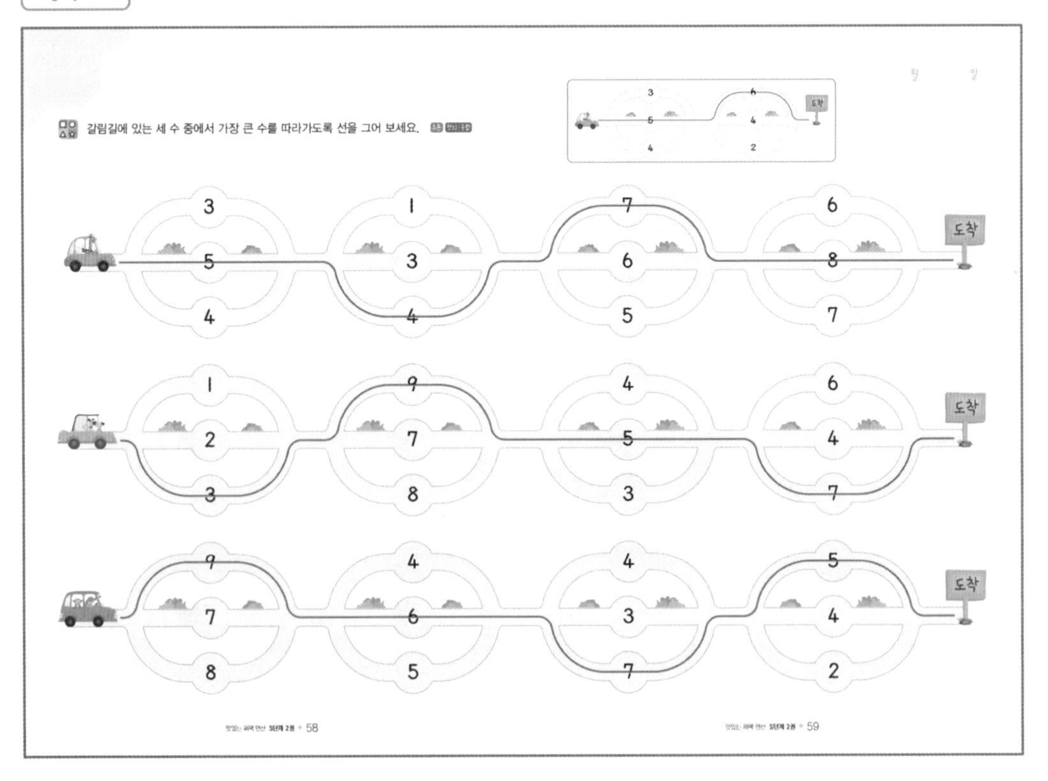

퍼팩 사고력 P. 60

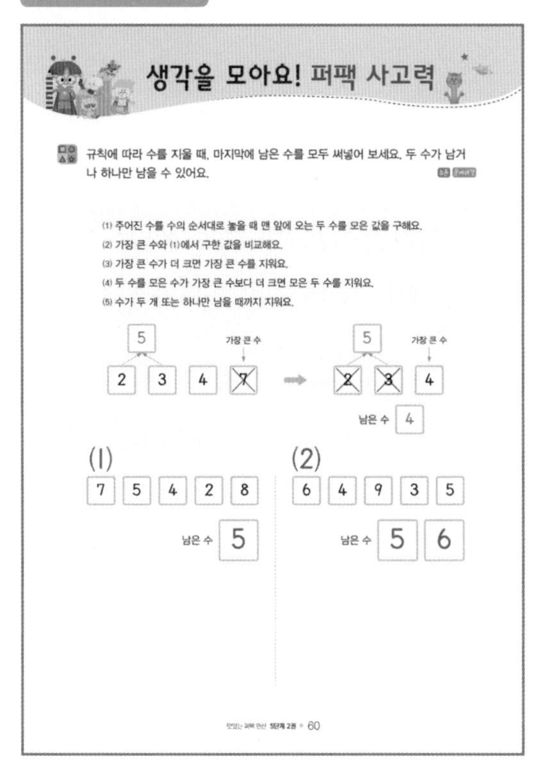
생각을 모아요! 퍼팩 사고력

규칙에 따라 수를 지울 때, 마지막에 남은 수를 모두 써넣어 보세요. 두 수가 남거나 하나만 남을 수 있어요.

(1) 주어진 수를 수의 순서대로 놓을 때 맨 앞에 오는 두 수를 모은 값을 구해요.
(2) 가장 큰 수와 (1)에서 구한 값을 비교해요.
(3) 가장 큰 수가 더 크면 가장 큰 수를 지워요.
(4) 두 수를 모은 수가 가장 큰 수보다 더 크면 모은 두 수를 지워요.
(5) 수가 두 개 또는 하나만 남을 때까지 지워요.

(1) 7 5 4 2 8
남은 수 5

(2) 6 4 9 3 5
남은 수 5 6

풀이

(1)

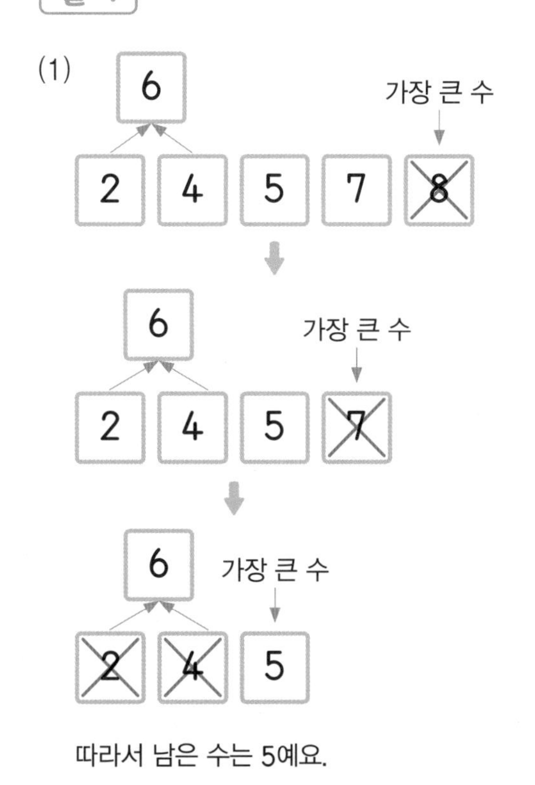

따라서 남은 수는 5예요.

(2)

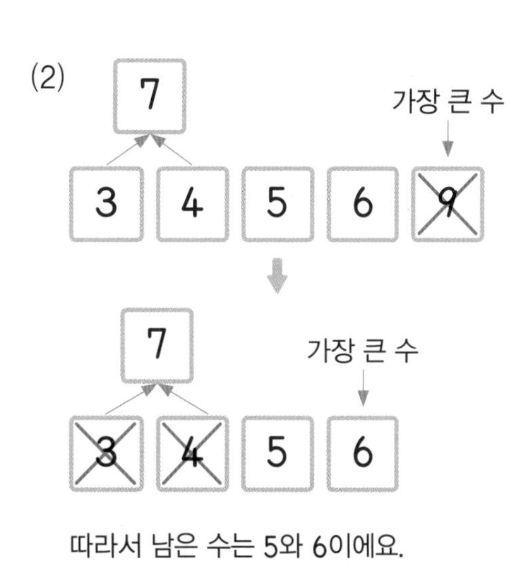

따라서 남은 수는 5와 6이에요.

◆ 집중! 드릴 연산

1주차 P. 62~63

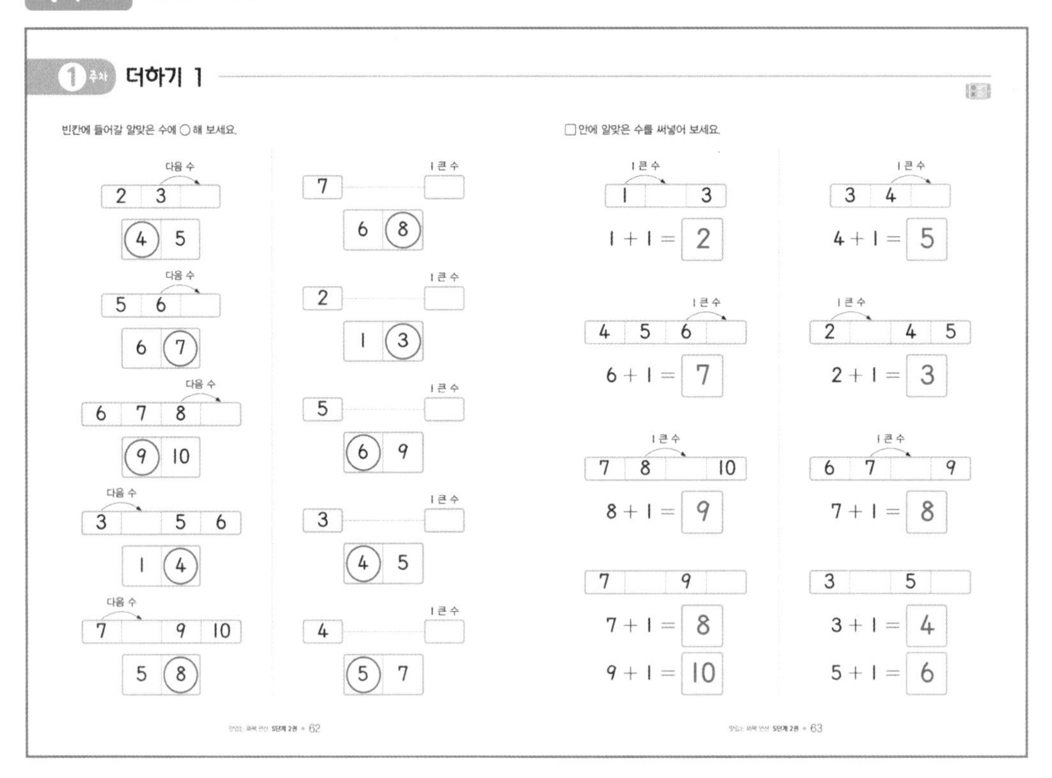

2주차 P. 64~65

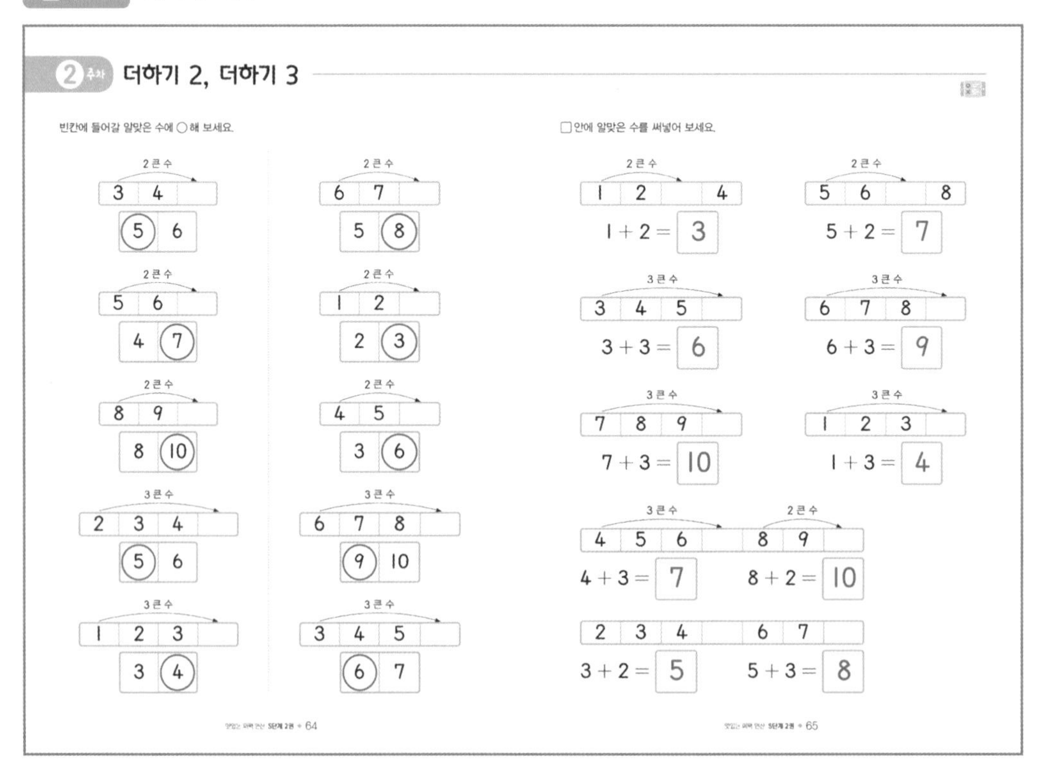

3주차 P. 66~67

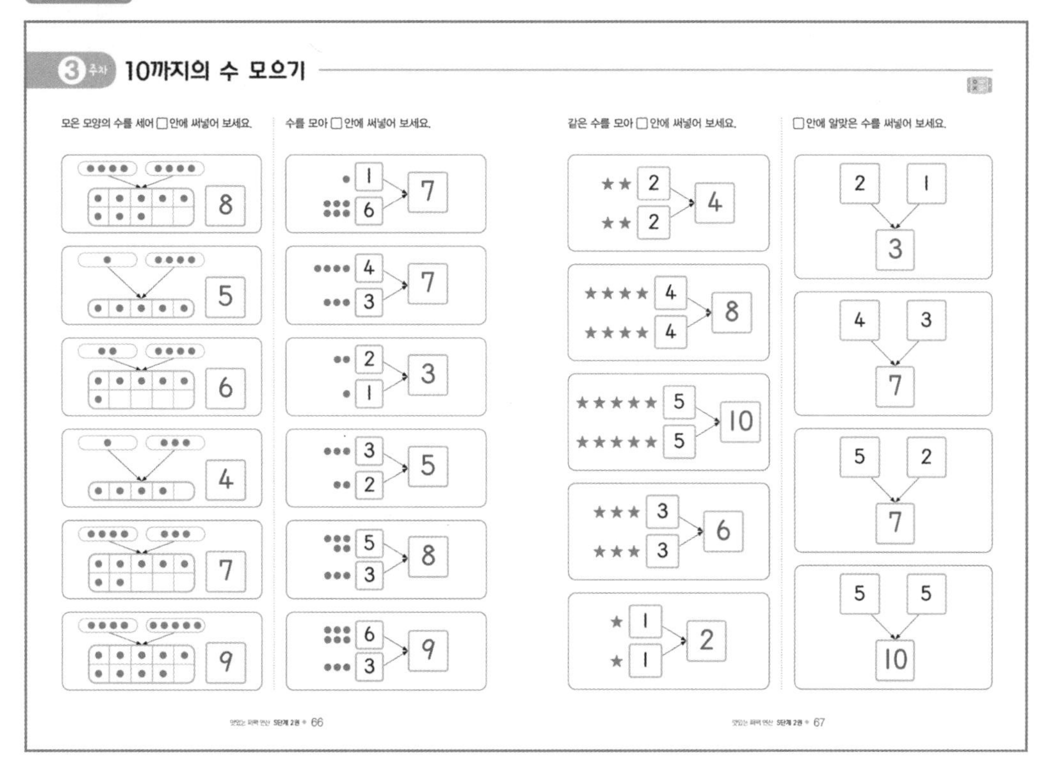

4주차 P. 68~69

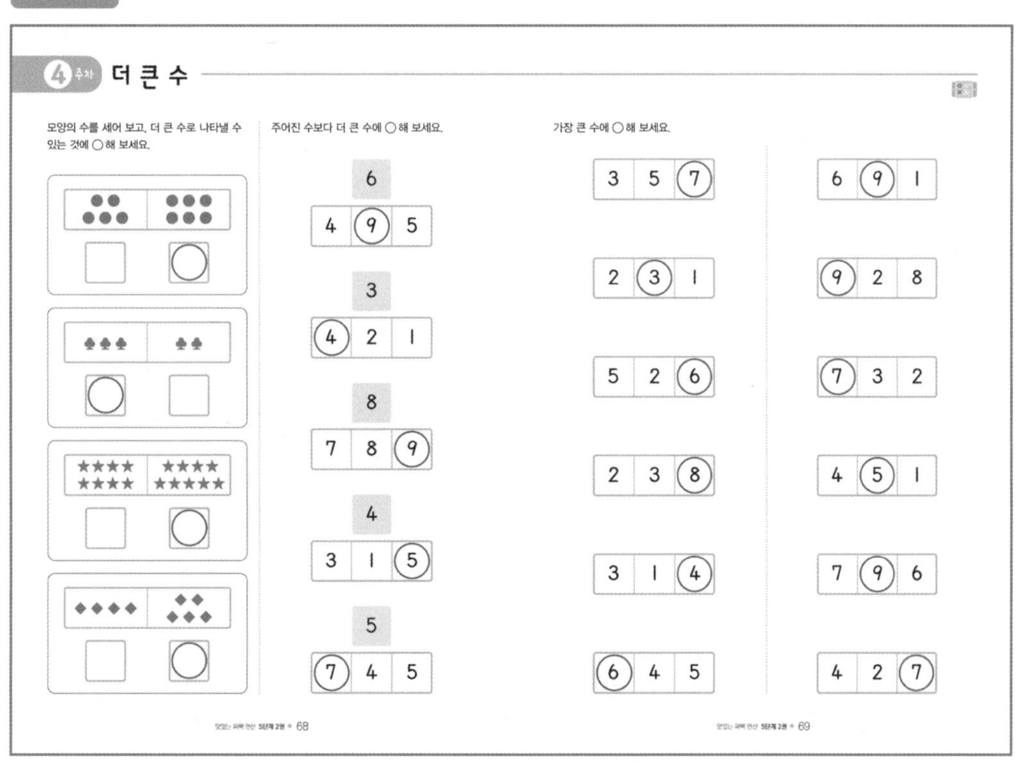

memo